カラー版の速報天気図（SPAS）の例

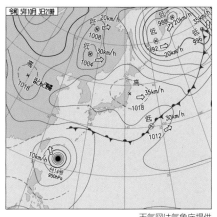

天気図は気象庁提供

カラー版天気図の配色

	SPAS	ASAS
高気圧	高	H
低気圧	低	L
熱帯低気圧	熱低	TD
台風	台XX号	TS / STS / T
温暖前線	▲▲▲	▲▲
寒冷前線	▼▼▼	▼▼
停滞前線	▲▼▲	▲▼
閉塞前線	▲▲▲	▲▲

2023年10月3日21時の速報天気図（カラー版）

速報天気図（→ 3-1：99ページ）の配信は通常白黒版ですが、2015年12月9日より気象庁ホームページでカラー版の配信が行われています。カラー版では、高気圧は青、低気圧・熱帯低気圧は赤、台風は赤紫色、温暖前線は赤、寒冷前線は青、停滞前線は赤と青の交互、閉塞前線は赤紫色となっています。

カラー版のアジア地上解析（ASAS）の例

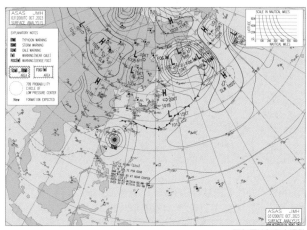

天気図は気象庁提供

2023年10月3日21時のアジア地上解析（カラー版）

アジア地上解析（→ 3-2：102ページ）も速報天気図同様、気象庁ホームページでカラー版の配信が行われています。配色は速報天気図に準じますが、台風は英略語によって細かく表記されるため「台XX号」のようなスタンプはありません。

日本最古の天気図

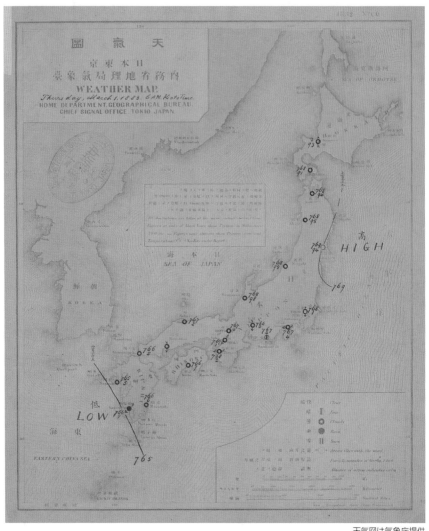

日本で初めて配布された天気図は 1883 年（明治 16 年）3 月 1 日 6 時のものです。
今の気象庁の前身にあたる東京気象台（内務省地理局）が作成しました。この図に引かれている等圧線は 2 本のみですが、日本の天気図作成の幕が開けた画期的な瞬間と言えます。
出典：国立国会図書館デジタルアーカイブ

オーバーシュートした積乱雲（→関連項目：3-8）

平らな部分の一部が盛り上がっています。

著者撮影

2023年9月5日撮影の積乱雲。雲は圏界面を越えることができないため、そこで頭打ちとなり、てっぺんが平らに広がっています。しかし写真では平らな部分の一部がもくもくと盛り上がっています。この「盛り上がり」をオーバーシュートと言い、勢いよく発達した積乱雲が一時的に圏界面を持ち上げた結果できたものです。

気象庁天気図（地上天気図）

2019年10月10日9時の気象庁天気図（地上天気図）

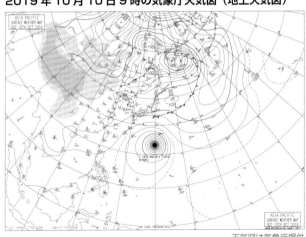

天気図は気象庁提供

アジア地上解析(ASAS)も予報官による解析によって作成されていますが、速報的なものです。後日詳細な解析が行われ、確定値の天気図が公表されます。この天気図は令和元年東日本台風（台風19号）接近時のものです。

気象庁天気図（850hPa 天気図）

2014 年 2 月 14 日 21 時の気象庁天気図（850hPa 天気図）

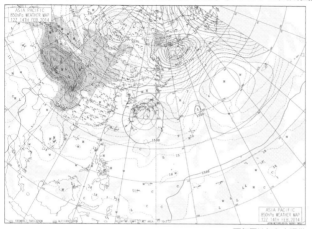

天気図は気象庁提供

高層天気図も地上天気図同様に後日詳細な解析が行われ、確定値の天気図が公表されます。この天気図は2014 年 2 月、関東甲信〜東北地方で記録的な大雪（最深積雪は甲府 114cm、前橋 73cm、熊谷 62cm など）となったときの850hPa 天気図です。点線（青色）は等温線、網掛け（青色）は湿域です。

気象庁天気図（700hPa 天気図）

2018 年 2 月 28 日 21 時の気象庁天気図（700hPa 天気図）

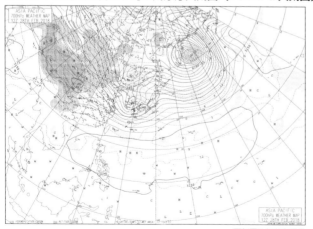

天気図は気象庁提供

700hPa の確定値の天気図の例です。この天気図は 2018 年 2 月 28 日、低気圧が発達しながら日本付近を通過したときのもので、この日は四国と東海で春一番が吹きました。また翌 3 月 1 日には近畿と関東でも春一番が吹きました。天気図中の点線（青色）は等温線、網掛け（青色）は湿域です。

気象庁天気図 (500hPa 天気図)

2018年2月6日9時の気象庁天気図 (500hPa 天気図)

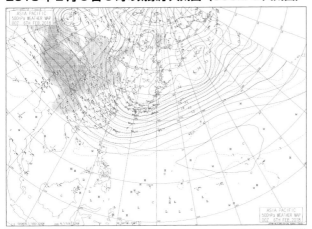

天気図は気象庁提供

500hPaの確定値の天気図の例です。この天気図は2018年2月、福井などで昭和56年豪雪 (1980〜1981年) 以来の記録的な豪雪となったときのものです。点線 (青色) は等温線です。

気象庁天気図 (300hPa 天気図)

2020年8月17日9時の気象庁天気図 (300hPa 天気図)

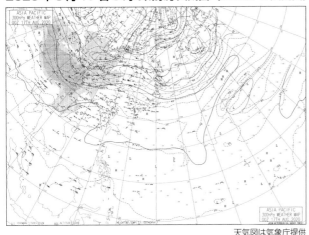

天気図は気象庁提供

300hPaの確定値の天気図の例です。この天気図は2020年8月17日、国内最高気温タイ記録となる41.1℃を浜松で観測したときのものです。天気図中、スポット的に記入されている小さな青い数字は気温です。この数字をつなぐことで等温線となります。

アジア850hPa天気図（AUPQ78）の解析例

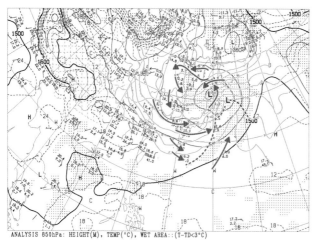

ANALYSIS 850hPa: HEIGHT(M), TEMP(°C), WET AREA:(T-TD<3°C)

気象庁提供の天気図に筆者加筆

2023年4月16日9時の850hPa天気図（AUPQ78）の解析例です。緑色の線は日本付近の等温線をトレースしたもの、紫色の矢印は風向風速の観測値をもとに日本付近の風の流れを分かりやすくしたもの、赤字のLは低気圧、赤点線は温暖前線、青点線は寒冷前線です。

アジア700hPa天気図（AUPQ78）の解析例

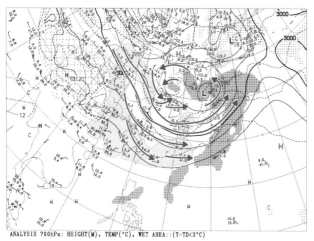

ANALYSIS 700hPa: HEIGHT(M), TEMP(°C), WET AREA::(T-TD<3°C)

気象庁提供の天気図に筆者加筆

2023年4月16日9時の700hPa天気図（AUPQ78）について日本付近の主なものを解析した例です。緑色の色塗り域は湿域（湿数3℃未満：網掛け域）、黄色の色塗り域は乾燥域（湿数18℃以上：湿数の観測値をもとに大まかな広がりを推定）、紫色の矢印は風向風速の観測値をもとに日本付近の風の流れを分かりやすくしたもの、青字のHは高気圧、Lは低気圧です。

アジア500hPa天気図（AUPQ35）の解析例

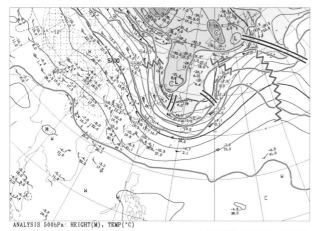

ANALYSIS 500hPa: HEIGHT(M), TEMP(°C)

気象庁提供の天気図に筆者加筆

2023年4月16日9時の500hPa天気図（AUPQ35）の解析例です。明るい青色の線で等温線をトレースし、－24℃以下を薄い水色、－30℃以下を水色、－36℃以下を青色で着色しています。青字のCは寒気の中心です。また赤い二重線はトラフ、青いギザギザ線はリッジのおおまかな位置を示しています。

アジア300hPa天気図（AUPQ35）の解析例

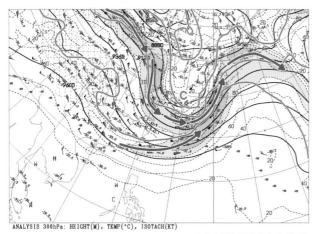

ANALYSIS 300hPa: HEIGHT(M), TEMP(°C), ISOTACH(KT)

気象庁提供の天気図に筆者加筆

2023年4月16日9時の300hPa天気図（AUPQ35）の解析例です。明るい青色の線はスポット的に記入された気温の数値をつないだ「等温線」です。また風速80ノット以上を薄い紫色、100ノット以上を紫色で着色し、等風速線の分布および風向風速の観測値をもとに主な強風軸を解析し、紫色の矢印で示しています。

予想天気図をもとにした解析（太平洋高気圧と梅雨前線）

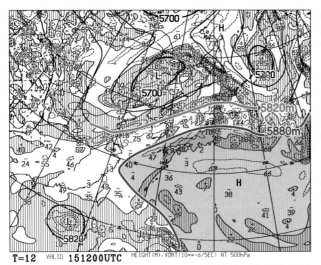

T=12　VALID 151200UTC　HEIGHT(M).VORT(10**-6/SEC) AT 500hPa

2023年7月15日21時の予想図（初期値：2023年7月15日9時／500hPa高度と渦度）を解析したものです。500hPaの等高度線のうち5880m線（橙色の線）は太平洋高気圧の目安となります。また5820m線（黄橙色の線）は梅雨前線の位置のおおまかな目安として参考にされることがあります。

気象庁提供の天気図に筆者加筆

予想天気図をもとにした解析（冬季日本海側の大雪）

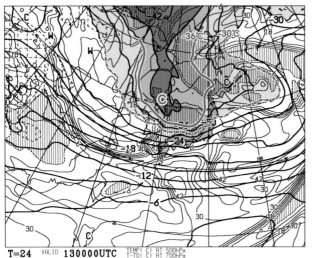

T=24　VALID 130000UTC　TEMP(C) AT 500hPa
T-TD(C) AT 700hPa

2022年1月13日9時の予想図（初期値：2022年1月12日9時／500hPa気温と700hPa湿数）を解析したものです。日本海側では500hPaの気温が−30℃以下で雪の可能性、−36℃以下で大雪の可能性があります。そこで図中は−30℃線を青点線、−36℃線を青実線でトレースした上で−30℃以下の領域を気温に応じて色分け着色しています。

気象庁提供の天気図に筆者加筆

図解入門
How-nual
Visual Guide Book

最新

天気図の読み方がよ〜くわかる本

気象予報士実技試験副読本!

[第3版]

気象予報士 **岩槻 秀明** 著

秀和システム

はじめに

　本書は2010年に初版が刊行され、2014年に第2版として改訂が行われました。それから約10年の歳月がたち、このたび第3版として再度の改訂をすることとなりました。

　本書は地上天気図のみならず、高層天気図や数値予報天気図といった、気象予報士試験にも出てくるような専門的な天気図の読みかたに特化した入門書です。天気図内に書かれている要素や記号などで、普通なら省略してしまうような部分もきっちり取り上げ、天気図の読みかたの基礎的部分が一からしっかり学べるように心がけました。

　今回の改訂（第3版）では従来からのコンセプトはそのままに、大幅に内容を刷新しました。より詳しく、分かりやすくなるよう文章はすべてリライトし、図版もぱっと見で理解できるものになるように検討し、新しく作りなおしたものが多数あります。また前回の改訂から10年ということで、その間に予報技術が大幅に向上して、それに伴い天気図に関する情報もかなり変更になりました。これらにも対応させました。

　なお、第2版では天気図と気象資料を1冊でまとめて扱っていましたが、今回の見直しで気象資料については姉妹書として別途扱うことにしました。そのため第3版は天気図に特化したものになります。

　既刊の『最新気象学のキホンがよ～くわかる本』『最新気象学の応用と予報技術がよ～くわかる本』と本書を組み合わせることで、気象予報士試験の出題範囲の最低限の基礎知識は網羅できるようにしてあります。本書が「気象学」の勉強の一助となり、また天気図の「取扱説明書」としても、少しでもお役にたてると嬉しいです。

2024年2月

岩槻　秀明

第 ② 章　**天気図に登場する要素や数値のはなし**

Contents ●目次

第3章 実況天気図の種類と読み方

予想天気図の種類と読み方

中・長期予報に関わる天気図

Column

第1章

天気図の基本的なはなし

テレビや新聞など、さまざまな場面で目にし、天気図の代名詞的な存在ともいえる地上天気図。しかしじつは天気図にはさまざまな種類があり、地上天気図はその一部に過ぎません。ここではまず天気図とはどのようなもので、どうしてそれを描く必要があるのかという「そもそも論」から始め、天気図の種類や、それらに共通する基本的な見かたなど、総論的な話をしていきたいと思います。個々の天気図の具体的なこと（各論）は第3章以降で紹介します。

1-1 天気図の概要

テレビや新聞などにも登場し目にする機会が多い「地上天気図」は、いわば天気図の代表とも言える存在です。しかし天気図は地上天気図だけではなく、たくさんの種類が存在します。本書はそれらの天気図について、その見かたを詳しく紹介していきます。

● 天気図とは何か

　天気図（weather map）は、大気の状態をひと目で分かるように表した図です。気温や気圧などの大気の状態は、目で見て分かるものではなく、観測データはその地点における「点の情報」でしかありません。しかしそれを地図に落とし込む（**プロット**と言う）ことで、「点の情報」どうしがつながって「面の情報」になります。さまざまな観測データを使って作成した「面の情報」が天気図なのです。しかし地球大気は平面ではなく立体、つまり三次元空間（面の情報に高さが加味される）で、その中で起きる大気現象も、三次元のふるまいをしています。つまりひとつの「面の情報」だけでは、大気の状態を知るのには不十分です。そこで高さごとに何枚もの天気図が作成されています。これが**高層天気図**（upper air chart）です。高層天気図の概要は1-4で紹介します。これらの天気図をていねいに読み解くことで、現在起きている大気現象のなりたちやしくみが分かり、それが今後どうなるか予想することができます。

● おなじみの地上天気図

　さて、テレビや新聞にもよく使われ、見かける機会の多い天気図は**地上天気図**（surface chart）と呼ばれるものです。これは地表付近の大気の状態を表したもので、地図上に地上気圧の分布が描かれています。気圧の分布を表すために描かれている線を等圧線と言います。あわせて高気圧や低気圧、前線、台風なども記されています。これらの位置関係のことを気圧配置といい、気圧配置と天気のパターンにはある程度関連性があります。そのため地上天気図を見て気圧配置をつかむことで、天気のおおまかな傾向を推測することができます。なお新聞の天気図では、それに加えて、その時間における各地の天気と風（風向・風力）の状況が、日本式天気記号で記入されています。

図1-1-1　点の情報から面、空間の情報へ

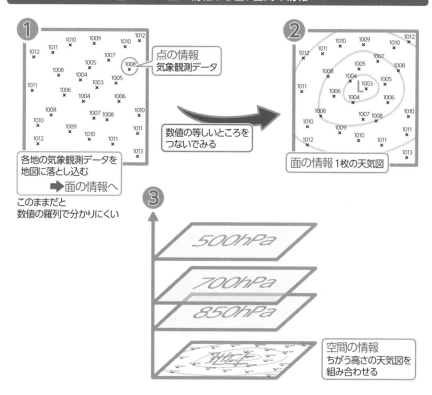

日本式天気記号

　天気図に使われる**天気記号**（weather symbol）には**日本式**と**国際式**の2つの形式があります。国内における天気図の記入型式は日本式の天気記号を使うことが1965年に定められており、ラジオの気象通報をもとに天気図を描く場合に使われる日本式天気記号は、天気不明を含め21種類あります。日本式天気記号はすべて丸囲みとなっており、そこに風を示す「矢羽根」を突き刺します。風の向きは16方位で、風の強さは**風力**（wind force）で表します。風力は**気象庁風力階級表**にもとづき、風の強さを0〜12の13段階に分けたものです。気象庁風力階級表は**ビューフォート風力階級表**（Beaufort wind scale）とも呼ばれます。また必要に応じて天気記号の左側に気温（℃）、右側に気圧（hPa）を記入します。ただし気温、気圧とも書くのは数字のみで、単位は省略します。また気圧は1008hPaなら08、994hPaなら94という具合に下2ケタのみ記入します。

図1-1-2　日本式天気記号の記入様式

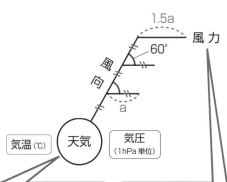

記号	天気	備考
◯	快晴	雲量1以下
◑	晴れ	雲量2〜8
◎	くもり	雲量9〜10
●	雨	
●キ	霧雨	
●ッ	雨強し	1時間雨量15mm以上
●ニ	にわか雨	
⊗	雪	
⊗ッ	雪強し	1時間降水量3mm以上
⊗ニ	にわか雪	
◓	みぞれ	雨と雪が同時に降る
⊙	霧	視程1km未満
△	あられ	氷の粒の直径5mm未満
▲	ひょう	氷の粒の直径5mm以上
⊖	雷	
⊖ッ	雷強し	
∞	煙霧	視程2km未満
Ⓢ	砂じんあらし	
⊕	地ふぶき	
Ⓢ	ちり煙霧	
⊗	天気不明	

風力	記号	風速(m/s)	和名
0	◯	0.0〜0.2	静穏
1	◯—ˌ	0.3〜1.5	至軽風
2	◯—ˎ	1.6〜3.3	軽風
3	◯—ˎˎ	3.4〜5.4	軟風
4	◯—ˎˎˎ	5.5〜7.9	和風
5	◯—ˎˎˎˎ	8.0〜10.7	疾風
6	◯—ˎˎˎˎˎ	10.8〜13.8	雄風
7	◯—ˎˎˎˎˎˎ	13.9〜17.1	強風
8	◯—ˎˎˎˎˎˎˎ	17.2〜20.7	疾強風
9	◯—ˎˎˎˎˎˎˎˎ	20.8〜24.4	大強風
10	◯—◀ˎˎˎˎ	24.5〜28.4	暴風
11	◯—◀◀ˎˎˎˎ	28.5〜32.6	烈風
12	◯—◀◀◀ˎˎˎˎ	32.7〜	颶風

地上天気図だけでは情報不足

　しかしこの地上天気図を1枚見ただけでは、正確な天気予報を行うのは困難です。似たような気圧配置でも、実際の天気が大きく異なることは珍しくありません。また激しい雷雨や、記録的な大雨など、災害につながる危険な現象の中には、地上天気図だけでは、その兆候がつかめないものも少なくありません。

ここで事例を紹介しましょう。

　まず図1-1-3は、2022年1月6日9時と、2023年2月13日9時の地上天気図（速報天気図）です。

図1-1-3　2つの南岸低気圧の例

2022年1月6日9時

気象庁提供の天気図に筆者加筆

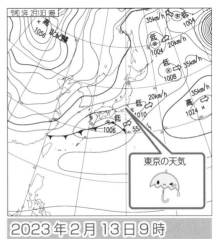

2023年2月13日9時

気象庁提供の天気図に筆者加筆

　どちらも前線を伴った低気圧が本州南岸を進むいわゆる「南岸低気圧」と呼ばれる気圧配置で、ふだん雪の少ない関東平野に大雪をもたらすことがあるため、社会的関心の高い現象です。両日の「東京」の天気を比べてみると、2022年1月6日は雪が降り、10cmの積雪を観測したのに対し、2023年2月13日は雨で経過しました。

　それから、図1-1-4は、2020年7月4日9時の地上天気図（速報天気図）です。

図1-1-4　2020年7月4日9時の速報天気図

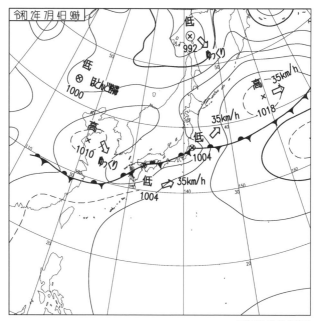

天気図は気象庁提供

　この日は九州で記録的な大雨となり、熊本県で球磨川が氾濫するなど大規模な災害が相次いで発生しました。この天気図だけを見ると、梅雨の典型的な気圧配置で、この梅雨前線が活発な状況かどうか、どこにどの程度雨を降らせるかまでは、判別しづらいものです。このように地上天気図だけでは分からないこともたくさんあります。そこで、大気の状態をより詳しく解析できるよう、地上天気図以外にもさまざまな天気図が作成されています。上空の様子が分かるよう、高度ごとに何枚もの天気図があります。さらに等圧線（上空の天気図では等高度線）だけではなく、気温や風、空気の湿り具合、上昇気流の分布など、さまざまな要素が書きこまれています。

　気象予報士は、それらの数ある天気図から必要な内容を読みとって、組み合わせて、高気圧や低気圧などの立体構造を把握します。そしてこれらが今後どう変化していくのか、予想天気図（コンピューターのシミュレーションで作成された将来の天気図）をもとに、実際の気象観測データの推移と照らし合わせながら判断していきます。

天気図の種類

天気図の種類は、大きく**実況天気図**と**予想天気図**の2つに分けられます。

実況天気図は、実際の観測データをもとに描かれた天気図です。地上の大気の状態を表した地上天気図と、上空の大気の状態を表した高層天気図があります。高層天気図は850hPa、700hPa、500hPa、300hPaなど、高度（気圧高度：1-4：35ページ）ごとにいくつも作成されています。大気の断面を表した**高層断面図**もあります。その他、海の状態を表したものや、航空分野で使われるものなどがあります。

一方の予想天気図は、コンピューターのシミュレーションによって作成された「未来の天気図」です。予想天気図も大きく地上天気図系と高層天気図系の2つがあり、予想する時間ごと（例：12時間後、24時間後など）に何枚も作成されます。

また予想天気図は、12時間降水量、相当温位、湿数（空気の湿り具合）、鉛直p速度（上昇気流・下降気流）、渦度など、さまざまな物理量の計算結果が予測値として出力されています。

そのほか、週間天気予報や1か月予報など、中・長期的な天候を予測するための天気図も作成されています。

図1-1-5　天気図の種類と分類

			天気図の例				
実況天気図系	地上天気図		SPAS ASAS	予想天気図系	数値予報天気図（地上系）		FSAS24/48 FXFE502/504/507
	高層天気図	850hPa	AUPQ78		数値予報天気図（高層系）	850hPa	FXFE5782/5784/577 FXJP5784
		700hPa	AUPQ78			700hPa	FXFE5782/5784/577
		500hPa	AUPQ35 AUXN50			500hPa	FXFE5782/5784/577 FXFE502/504/507
		300hPa	AUPQ35 AUPN30		台風予想図		WTAS07/12
		200hPa	AUPA20		週間天気予報向け		FEFE19 FXXN519 FZCX50 など
	高層断面図		AXJP130/140		1ヶ月予報向け		FCVX11/12/13/14/15 FCXX92
	数値予報天気図（初期値）		AXFE578		船舶向け（波浪）		FWJP など
	船舶向け（波浪）		AWJP AWPN など		航空向け		FBJP-03/FBJP112 FXJP106 など

● 天気図以外の資料も活用しよう

　現場の気象予報士は、これらの天気図の他にも、さまざまな気象資料（観測データなど）を活用しながら、総合的に判断して情報を発表しています。

　気象衛星画像は宇宙から撮影した雲の写真で、日本列島周辺における雲の広がりとその動きがよく分かります。そこに気象レーダーの画像を合わせることで、その雲が降水を伴っているか、降っているとすれば、その強さはどのくらいなのかを、きめ細やかに判断することができます。さらに雷活動度、竜巻発生確度の**ナウキャスト**を組み合わせると、発雷の状況、また竜巻などの激しい突風の吹きやすさなどを把握することができます。

　アメダスの観測データは、地図に表示することで、降水量、気温、風向風速、日照時間、積雪深（雪の深さ）、湿度のリアルタイムでの分布が分かります。ただ、局地的大雨（いわゆるゲリラ豪雨）のようなピンポイントの大雨は、アメダスの観測網では捉えきれないことがあります。そこで全国26か所のレーダーと、全国約10300か所の雨量計（アメダス約1300か所、国土交通省等9000か所）のデータを使って1km四方の細かさで雨量分布を解析した「解析雨量」が30分ごとに作成されています。

　随時発表される**防災気象情報**も重要です。特別警報・警報・注意報、各種気象情報はもちろん、早期注意情報（警報級の現象が起きる可能性）、台風情報、竜巻注意情報、指定河川洪水予報、海上警報・予報、波浪実況・予想図（波の高さ）など、さまざまな気象情報があります。特に大雨に関する情報は、**記録的短時間大雨情報**、**線状降水帯発生・予測情報**、**土砂災害警戒情報**、**キキクル（危険度分布）**などかなり充実しています。

　その他、高温に関する情報（熱中症警戒アラート、早期天候情報、2週間気温予報）、黄砂や紫外線に関する情報などもあります。

　これらの情報は、天気図に比べるとより一般向けを意識してつくられているので分かりやすいものが多く、また天気図だけでは得られないような情報も多数入手できるので、活用すると、天気図解析の幅がぐんと広がります。また、有効活用すれば、日常生活でより天気と上手に付き合えるようになります。

1-2 天気図の見かたのキホン

天気図にはさまざまな種類があり、描かれている要素もさまざまです。そのため種類ごとに見かたは異なりますが、ある程度共通する部分もあります。ここでは多くの天気図に共通する基本的な見かたを紹介します。

● 天気図の種類と対象時刻

　実況天気図には、種類（略号）と観測年月日・時刻が、予想天気図は、種類（略号）と初期値の時刻、予想対象時刻が記入されています。予想天気図の中には予想時刻ごとに何枚も出力される天気図があります。その場合は、初期値（実況）から○○時間後（天気図上の表記はT=○○）というのが分かるようになっています。

　また欄外に天気図が対象とする主な要素について書かれているものもあります。覚えるに越したことはありませんが、度忘れしたときには、それを確認するという手もあります。

図1-2-1 （1）実況天気図のラベル・注釈例

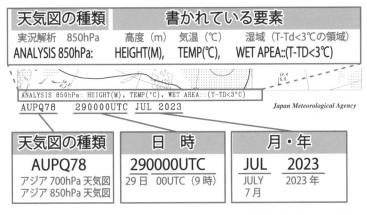

気象庁提供の天気図を一部拡大、筆者加筆

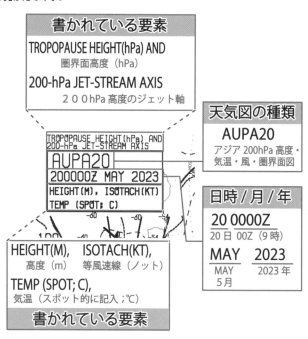

気象庁提供の天気図を一部拡大、筆者加筆

図1-2-1 （2）予想天気図のラベル・注釈例

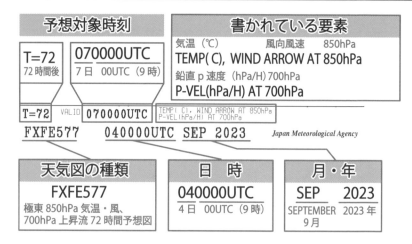

気象庁提供の天気図を一部拡大、筆者加筆

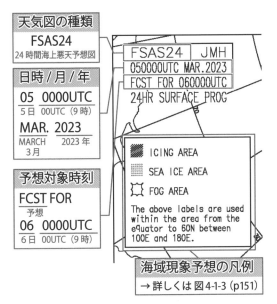

気象庁提供の天気図を一部拡大、筆者加筆

　ちなみに天気図に書かれている時刻は、一部を除いて**日本標準時（JST）**ではなく、**協定世界時（UTC）**で表記されています。協定世界時（UTC）に＋9時間すれば、日本標準時に換算することができます。

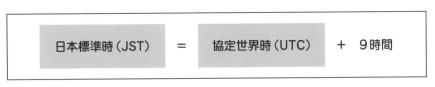

　アジア地上解析などでは**グリニッジ標準時（Z）**が使われていますが、協定世界時とグリニッジ標準時は同じ時刻を指します。

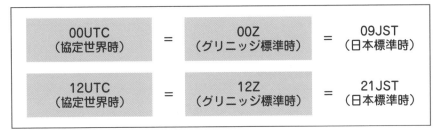

なお、国内利用を想定した速報天気図は、例外的に日本標準時で書かれています。

● 緯度・経度の線

　天気図には横線（緯度を示した線：**緯線**）と縦線（経度を示した線：**経線**）がふつう10度ごとに描かれています。緯度と経度を組み合わせることで、高気圧や低気圧の中心位置、前線の位置などを数値で示すことができます。

　なお、緯度10度分で約1110kmなので、高気圧・低気圧のおおまかなスケール（大きさ）を見積もったり、図中の進行速度をもとに、今後の位置をある程度推測することもできます。ただし、緯経線から距離を見積もる場合は、丸い地球を無理やり平面の図にしているため「ゆがんでいる」という点に留意が必要です。

図1-2-2　地上天気図上の緯経線

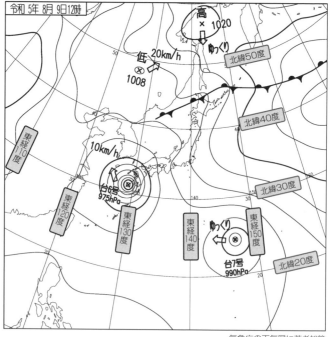

気象庁の天気図に著者加筆

> **Check!** 天気図中の高気圧（中心気圧1020hPa）の中心位置は北緯約57度、東経約143度、低気圧（中心気圧1008hPa）の中心位置は北緯約48度東経約127度、台風6号の中心位置は北緯約31度東経約129度、台風7号の中心位置は北緯約24度東経約147度です。

● 方位のあらわしかた

　高気圧や低気圧などの進行方向、風向（風の向き）などを天気図から読み取る場合は、ふつう**16方位**を使います。天気図上の方位は地図と同じで、上が北となります。

　風向は風の吹いてくる方向のことで、天気図上は**矢羽根**の形で記されています。矢羽根の突き刺さる方に向かって風が吹いており、例えば図1-2-3の場合、風向は南東となります。

　アジア地上解析（ASAS）などに使われる「国際式の地上観測記入様式」では、風向が**36方位**で記されています。ただ実用上は16方位レベルで読み取れれば十分です。

図1-2-3　方位と風向

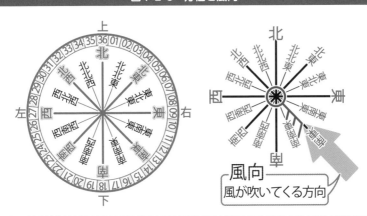

 Check! 左側の図で、太線で示した8つの方位が「8方位」、そして太線と細線の方位を合わせた16の方位が「16方位」です。また01〜36までの数字は全方位（360度）を10度ごとに36分割したもので「36方位」はこの数字によって表されます。また矢羽根の風向の表しかたは、風が吹いてくる方向から矢を突き刺すようなイメージとなっています。

Column　北半球全体を表す天気図

　北半球500hPa高度天気図（AUXN50）のように、北半球全体を表す天気図もあります。このような天気図は他と異なり、上が北ではないので注意が必要です。

　イメージとしては北極から地球を眺めたような形で、北極点を中心とし、外側に向かって緯度が低くなっています。詳しくは3-6で取り上げます。

天気図上の地名など

気象情報などの解説資料では、主要な高気圧や低気圧、前線などの位置を示すのに地名や海域名などがよく使われます。そのためこれらの地名や海域名のうち、主なものについては把握しておく必要があります。覚えておきたいものを図1-2-4に示します。

図1-2-4　天気図上の地名など

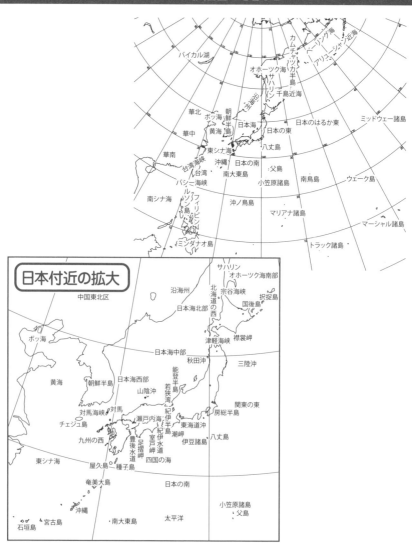

◯ 高層気象観測地点

　上空の大気の状態を知るための観測を**高層気象観測**（upper-air observation）と言います。ゴム気球に吊るした**ラジオゾンデ**（radiosonde；観測用の機器と観測データを送信する無線送信機を備えたもの）を飛ばして、地上から約30kmの高さまで観測します。観測する要素はジオポテンシャル高度（m）、気圧（hPa）、気温（℃）、露点温度（℃）、風向（°）、風速（m/s）です。高層気象観測は世界各地で毎日決まった時間（日本標準時の9時、21時の1日2回）に行われています。2023年4月現在、日本の気象庁は国内16ヶ所の気象官署、南極昭和基地、海洋気象観測船でラジオゾンデによる高層気象観測を実施しています。かつては人の手によって飛ばしていましたが、最近は**自動放球装置**を導入している観測点が多くなりました。高層天気図には高層気象観測によって得られた観測データが記入されています。また気象庁ホームページで気象庁が担当している地点の過去のデータを見ることができます。

図1-2-5　高層天気図の観測データプロット地点（国内）

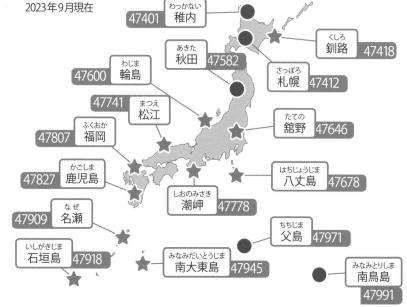

2023年9月現在

47401	わっかない 稚内
47418	くしろ 釧路
47600	わじま 輪島
あきた 秋田	47582
さっぽろ 札幌	47412
47741	まつえ 松江
47807	ふくおか 福岡
たての 舘野	47646
47827	かごしま 鹿児島
はちじょうじま 八丈島	47678
47909	なぜ 名瀬
しおのみさき 潮岬	47778
47918	いしがきじま 石垣島
ちちじま 父島	47971
みなみだいとうじま 南大東島	47945
みなみとりしま 南鳥島	47991

★自動放球装置による観測　　●人の手による放球で観測

高標高領域

　高層天気図（～300hPa面）では、標高の高いエリアにハッチがかかっていて、この部分を**高標高領域**と言います。ハッチは標高に応じて2種類あり、標高1500m以上が縦の破線、標高3000m以上が縦横の破線となっています。これは標高の高い場所では、地形の影響などで適切な大気の状態を示していない可能性があるため、この部分に描かれている要素は参考値として扱います。

図1-2-6　高標高領域を示すハッチ

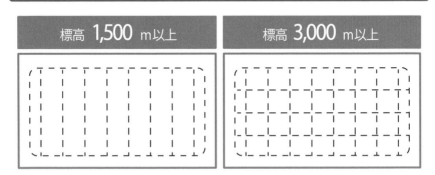

> **Check!** この高標高領域の場所はもともとの標高が高いために、周囲との整合性が取れていないこともあり、データは参考程度の扱いとします。アジア域の天気図では、中国大陸奥地の標高の高い地域で見ることができます。

天気図に引かれている線

　地上天気図の等圧線は、地上気象観測のうち、気圧の観測値が同じ（等しい）ところを線でつないだものです。この等圧線のように、観測値の数値が等しいところをつないだ線を総称して**等値線**と言います。天気図はさまざまな観測値を扱っているため、その観測値の種類に応じて、さまざまな等値線が引かれています。等値線の呼び名は、扱う観測値の種類によって変わります。気温の場合は等温線、風速の場合は等風速線、渦度の場合は等渦度線というふうに、ふつう「○○の観測値の等しい部分を結んだ線」という意味で「等○○線」と呼びます。等値線を引くことで、いろいろなものが見えてきます。例えば図1-2-7は地図に気温の観測値をプロットし、それをもとに等温線を引いたものです。単に気温をプロットしただけでは、ただの数値の羅列で分かりにくいですが、線を引く

ことによって、気温の低いところの中心（寒気の中心）が見え、また等温線が混んでいるところ（温度傾度が大きい＝前線がある）が浮かび上がってきました。このように等値線を引くと、観測データが活きてくるのです。

図1-2-7　等値線の考えかたの例

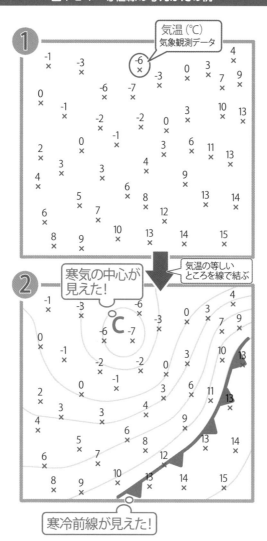

1-3 地上天気図

天気図の代名詞ともいえる地上天気図は、地上の大気の状態を表したものです。ここでは地上天気図とはどういうものなのか、どのような情報が記入されているのか、その概要をお話します。

● 速報天気図とアジア地上解析

地上天気図は2種類あります。ひとつは3時間ごと（ただし0時はなし）に速報的に発表される **SPAS**（**速報天気図**）（図1-3-1(1)）です。国内での利用を想定したもので、日本語・日本時間で書かれています。地点ごとの細かい観測データはありませんが、パッと見で分かりやすく、日本付近のおおまかな気圧配置をほぼリアルタイムで知ることができます。もうひとつは、**ASAS**（**アジア地上解析**）（図1-3-1(2)）と呼ばれるもの。国際的な利用も想定しているため、英語表記・協定世界時で表記されています。地上気象観測値が国際基準の様式で記入されています。また船舶・航空での利用も想定されているため海上警報、海氷の動向などもあり、情報が盛りだくさんの天気図です。

図1-3-1（1） SPAS（速報天気図）

速報天気図
SPAS

シンプルで
速報性・視認性に優れる

国内向けを想定

日本語表記

時刻は日本時間（JST）

3時間おきに発表
（0時はなし）

天気図は気象庁提供

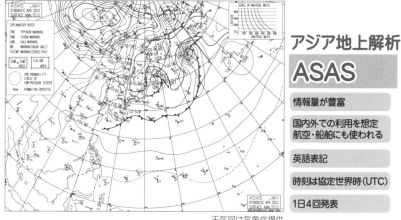

図1-3-1(2) ASAS（アジア地上解析）

アジア地上解析
ASAS

情報量が豊富

国内外での利用を想定
航空・船舶にも使われる

英語表記

時刻は協定世界時（UTC）

1日4回発表

天気図は気象庁提供

🌐 地上天気図の基本要素

　わたしたちの身のまわりは空気でぎゅうぎゅう詰めになっています。この空気がぎゅうぎゅうと押してくる力（圧力）を数値で表したものを**気圧**（pressure）と言います。単位はhPa（ヘクトパスカル）。海面上の標準的な気圧（**標準気圧**）は1013hPa（厳密には約1013.25hPa）で、これを1atmまたは1気圧とも表します。とはいえこれはあくまで「標準値」で、いつでもどこでも1013hPaというわけではなく、数値は場所によって、時間によって刻々と変化しています。

　また気圧は標高によっても大きく変動し、標高の高い場所ほど気圧は低くなります。気圧の観測地点は標高がマチマチであるため、その観測結果（**現地気圧**）をそのまま天気図作成用に用いることはできません。観測値が標高の影響を強く受けてしまっているからです。そこで観測値を海抜0mでの値に変換する**海面更正**という処理が行われます。地上天気図の気圧分布は海面更正後の数値で作成されています。

　気圧の数値が同じ部分をつないだ線を**等圧線**と言います。地上天気図に描かれているのは等圧線です。線を引くことで、単なる点の情報に過ぎなかった各地の観測データがつながり、いろいろなものが見えるようになってきます。等圧線の場合、周囲よりも気圧の高い場所（高気圧）、反対に周囲よりも気圧の低い場所（低気圧）が見えてきます。

　地上天気図には、等圧線と、高気圧・低気圧の中心位置、中心気圧、進行方向・速度が記入されています。低気圧は、大きく**温帯低気圧**と**熱帯低気圧**の2つに分けられます。ふつう単に低気圧と言った場合は温帯低気圧を指します。熱帯低気圧は発達して中心付近の最大風速17.2m/s以上になると、**台風**と呼ばれるようになります。熱帯低気圧と台風については、それぞれ別枠で記します。アジア地上解析（ASAS）では、台風をさらにTS、STS、Tの3つに分けています。

　また**前線**も天気に関わる重要な要素のひとつです。前線は、寒気と暖気など性質の異なる2つの空気（厳密には密度の異なる2つの空気）の境目のことで、地上天気図には温暖前線、寒冷前線、停滞前線、閉塞前線の4種類が描かれています。非常に大まかな書きかたですが、高気圧は晴れ、低気圧・前線の近くでは曇りや雨の天気となる傾向があります。また天気図にはっきり低気圧と書かれていなくとも、気圧の谷となっている場所があれば、そこは天気が悪くなる傾向があります。

図1-3-2　地上天気図の要素凡例

	SPAS	ASAS	
高気圧	高	H	
低気圧	低	L	
熱帯低気圧	熱低	TD	最大風速34KT未満
台　風	台XX号	TS	最大風速34KT以上48KT未満
		STS	最大風速48KT以上64KT未満
		T	最大風速64KT以上
前　線	▲▲▲	▲▲▲	温暖前線
	▼▼▼	▼▼▼	寒冷前線
	▼▲▼▲	▼▲▼▲	停滞前線
	▲▲▲	▲▲▲	閉塞前線
中心位置	×	×	
進行方向	⇨	⇨	
進行速度	ss Km/h	ss KT	
	ゆっくり	SLW	進行速度5KT以下、進行方向は定まっている
	ほぼ停滞	ALMOST STNR	進行速度5KT以下、進行方向が不定
等圧線	────	────	20hPaごと
	────	────	4hPaごと
	------	--------	2hPaごと、補助的に引く

気圧配置

　天気図を眺めたときに見られる高気圧や低気圧、前線などの大まかな位置関係を**気圧配置**と言います。気圧配置にはさまざまなパターンがあり、そのパターンごとに現れやすい天気分布の傾向がある程度決まっています。

　例えば、西に高気圧・東に低気圧があり、等圧線が縦じま模様に並ぶ「西高東低」の冬型の気圧配置。このパターンのときは、太平洋側は晴れ、日本海側・山間部は雪となり、全国的に北西風が強くなり、気温が大きく下がる傾向があります。

図1-3-3　特徴的な気圧配置の例

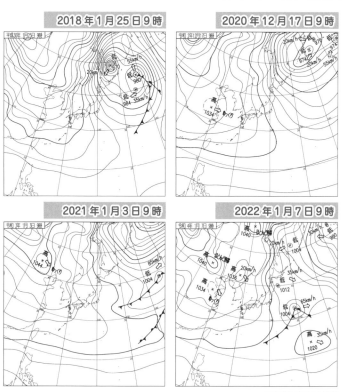

天気図は気象庁提供

> **Check!** この4枚の天気図はどれも「西高東低」の冬型の気圧配置と呼ばれるパターンです。日本付近では冬に現れやすい気圧配置で、この状態になると全国的に北西の風が強まり、太平洋側は晴れ、日本海側・山沿いは雪や雨という天気分布になります。

　気圧配置の類型と天気分布の関係を頭に入れておくと、地上天気図から大まかな天気傾向をパッと連想しやすくなるのです。さらに気圧配置の特性に応じた解析の着目点があるので、それを合わせて覚えておくととても役に立ちます。例えば冬型の気圧配置のときは、地上天気図の等圧線の混み具合、高層天気図（500hPa天気図）の気温などがチェックのポイントになります。

● 風の流れを大まかにつかむ

　地上天気図の等圧線の様子から、おおまかな風の状況を把握することができます。風にもさまざまなスケールのものがあり、地上天気図から推測できるのは、気圧配置の影響を受けて広域で吹く、全体的な風の傾向です。このような全体的な風の傾向を**場の風**と言うこともあります。

　まず等圧線の間隔が狭くなっている場所ほど、風が強くなる傾向があります。

　それから北半球では、風は高気圧周辺では時計回りに、低気圧周辺では反時計回りに吹きます。高気圧や低気圧の中心から離れた場所では、進行方向左側に低気圧、右側に高気圧を見るように、等圧線に沿うように吹く傾向があります。

　高気圧・低気圧と地上風の関係を法則化したものに**ボイス・バロットの法則**と呼ばれるものがあります。これは1857年、オランダの気象学者ボイス・バロットが発表した法則で、「北半球では風を背にして立つと、左手側の前方に低気圧の中心がある」というものです。

　ただ風の吹きかたは刻々と変化し、また地域性や局地性もかなり強く出るという点に留意する必要があります。そのため各地域の風向風速をある程度の精度を持って予測するためには、数値予報の結果などに地域特性も考慮して、総合的に見る必要があります。

図1-3-4　等圧線と風の関係

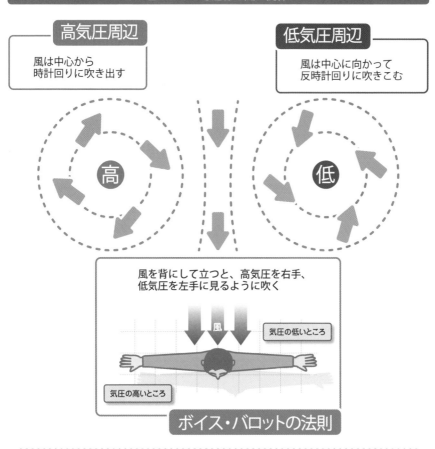

高気圧周辺

風は中心から
時計回りに吹き出す

低気圧周辺

風は中心に向かって
反時計回りに吹きこむ

風を背にして立つと、高気圧を右手、
低気圧を左手に見るように吹く

気圧の低いところ

風

気圧の高いところ

ボイス・バロットの法則

> **Check!** 風は高気圧周辺では時計回り、低気圧周辺では反時計回りになるように吹きます。
> そしてこれらの中心から離れている場所では、風は気圧の高い側を右に見るよう
> に、おおむね等圧線に沿って吹く傾向があります。これを利用すると地上天気図の等圧
> 線の形から、風のおおまかな傾向を見通すことができます。なおこの図は北半球での話
> で、南半球側では風の向きは反対になります。

1-4 高層天気図

上空の大気の状態を知るのに欠かせないのが高層天気図。その対象高度はmではなくhPaで表され、引かれている線も等圧線ではなく等高度線です。これはどういう意味なのでしょうか。そしてどのように読めば良いのでしょうか。その基本について解説します。

● 高層天気図とは

上空の気象状況を知るために作成される天気図をまとめて**高層天気図**（upper-level chart）と言います。地上天気図は海抜0mでの気圧分布を示し、等圧線が引かれていますが、高層天気図は少し異なります。

高層天気図の対象高度は高度○○mではなく、○○hPaという気圧で表す方法が取られています。そして○○hPaの気圧になるのが高度何mなのか、という高度の分布が示され、等圧線の代わりに等高度線が引かれています。また高度だけではなく、風の分布や気温や湿数などの要素も記入されています。図1-4-1に高層天気図の例を示します。

図1-4-1　高層天気図の例（700hPa天気図）

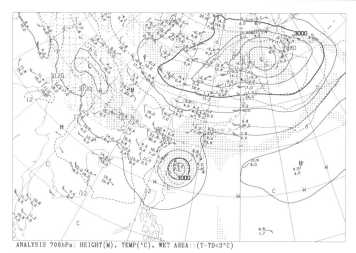

ANALYSIS 700hPa: HEIGHT(M), TEMP(°C), WET AREA::(T-TD<3°C)

天気図は気象庁提供

● p座標系と等高度線

　冒頭に書いたとおり、高層天気図では、天気図が対象とする高度を、高度(m)ではなく気圧(hPa)で表します。このように高さを気圧で表す方法を**気圧高度**(pressure altitude)と言います。

　地球大気は横(x)・縦(y)・高さ(z)の3次元空間となっています。そのため東西方向(横)をx軸、南北方向(縦)をy軸、上下方向(高さ;鉛直方向)をZ軸としたグラフという形で表すことができます。これを**z座標系**、または**〔x,y,z〕座標系**と言います。

　ただしz座標系の場合、高さの単位はmです。もし気圧高度(単位はhPa)を使う場合は、高さの軸はz軸ではなく、p軸となります。そしてx軸、y軸、p軸からなるグラフを**p座標系**、または**〔x,y,p〕座標系**と言います。高層天気図は、このp座標系がベースとなります。

図1-4-2　z座標系とp座標系

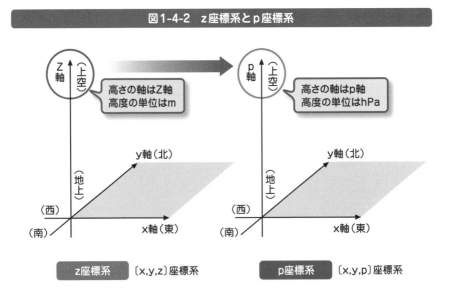

　今、A、B、Cの3地点で高度2900m、高度3000m、高度3100mの気圧を測ったとします。その結果が図1-4-3の(a)のようになったとします。そしてこれをp座標系に当てはめたものが、図1-4-3の(b)です。さらに、この状態で、p座標系のp＝700 (700hPa)のところで断面をとります。それが図1-4-3の(c)であり、これが700hPa

になる高度の分布です。これをたくさんの地点で行い、高度の数値が同じところを線で結ぶと図1-4-3の（d）のようになります。このときに引いた線を**等高度線**と言います。

ここで、特定の気圧の面で取った断面を**等圧面**と言います。この場合は、700hPaの等圧面、または、700hPa面と表現します。そして、その断面を上から見た図1-4-3の（d）が、まさに700hPaの高層天気図ということになります。

図1-4-3 等高度線の概念

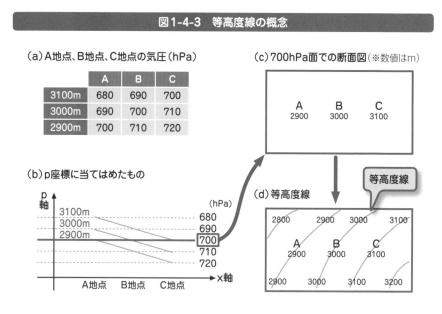

（a）A地点、B地点、C地点の気圧（hPa）

	A	B	C
3100m	680	690	700
3000m	690	700	710
2900m	700	710	720

（b）p座標に当てはめたもの

（c）700hPa面での断面図（※数値はm）

（d）等高度線

等高度線

等高度線と高・低気圧

図1-4-3（a）の数値を、今度はz座標系に置いてみます。つまり、高度3000mにおける気圧分布を等圧線で表すのです。そうすると、図1-4-4の（a）のようになります。そして、それを上から見たものが、次図（b）です。図1-4-3の（c）と同じものを、次図（c）に示します。これを見ると等高度線の数値が大きいところ（高度が高いところ）では気圧が高く、数値が小さいところ（高度が低いところ）では気圧が低くなっています。

つまり、高層天気図では、数値が大きいところに高気圧、数値の小さい部分に低気圧があると考えることができます。

1

図1-4-4　等高度線と等圧線の対応

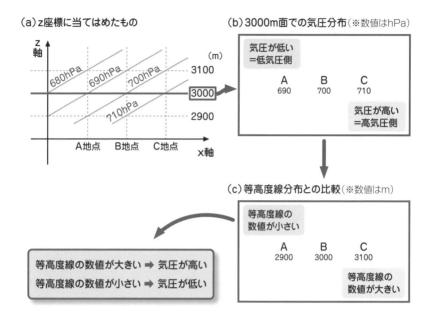

（a）z座標に当てはめたもの

z軸

680hPa　690hPa　700hPa

710hPa

（m）
3100
3000
2900

A地点　B地点　C地点　x軸

（b）3000m面での気圧分布（※数値はhPa）

気圧が低い
＝低気圧側

A　　B　　C
690　700　710

気圧が高い
＝高気圧側

（c）等高度線分布との比較（※数値はm）

等高度線の
数値が小さい

A　　B　　C
2900　3000　3100

等高度線の
数値が大きい

等高度線の数値が大きい ➡ 気圧が高い
等高度線の数値が小さい ➡ 気圧が低い

層厚

2つの気圧面、p_1（hPa）とp_2（hPa）で囲まれた空気の層があるとします。そしてp_1の高度はz_1（m）、p_2の高度はz_2（m）であるとしましょう。このときの高度の差「$\Delta z = z_2 - z_1$」を、**層厚**（thickness）と言います。簡単に言うと「空気の層の厚さ」です。空気は冷たくなるほど体積が小さくなるため、層厚は薄くなります。反対に暖かくなるほど体積は大きくなり、層厚も厚くなります。

例えば、図1-4-5のように、850hPaから500hPaまでの層厚を取ったとします。寒気では層厚が薄いので、同じ500hPaでも周囲より高度が低くなります。一方で、暖気側は層厚が厚いので、500hPaの高度が寒気のそれよりも高いところになりますね。このことから、同じ500hPa面でも、寒気側では高度が低くなる（等高度線の数値が小さくなる）のに対して、暖気側では高度が高くなります（等高度線の数値が大きくなる）。

気温が場所や時間によって変動するのに連動して、空気の層厚が場所ごと、それから時間ごとに変動するので、高層天気図を描くと等高度線が描かれるのです。

図1-4-5　層厚の考えかた

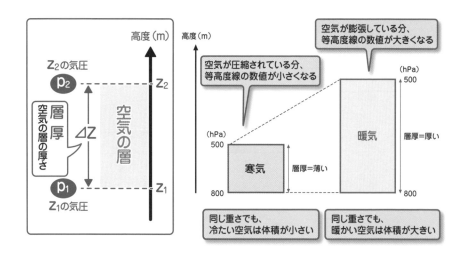

高層天気図の種類と要素

主な高層天気図の種類と、記入されている要素の一覧を図1-4-6に示します。

高層天気図はいわば「大気のCTスキャン画像」のようなもの。対流圏の下層から上層にかけて、高さの異なる天気図が何枚も用意されていて、これらを組み合わせることで、大気の状態を立体的に把握することができます。

よく利用されるのは850hPa面（高度1500m付近）、700hPa面（高度3000m付近）、500hPa面（高度5700m付近）、300hPa面（高度9600m付近）、200hPa面（高度12120m付近）の天気図です。なお高層天気図の対象高度は気圧高度（hPa）で表記されており、（　）内は高度（m）のおよその目安です。

500hPa面より下層の天気図には湿数が、300hPa面より上層の天気図には等風速線が記入されています。また対流圏上端付近の200hPa面の天気図には圏界面高度とジェット軸が記されています。

コンピューター解析結果を表す数値予報天気図には、相当温位（850hPa面）、鉛直p速度（700hPa面）、渦度（500hPa面）といった物理量の分布を示すものがあります。

1

天気図の基本的なはなし

図1-4-6　高層天気図の対象高度と主な要素

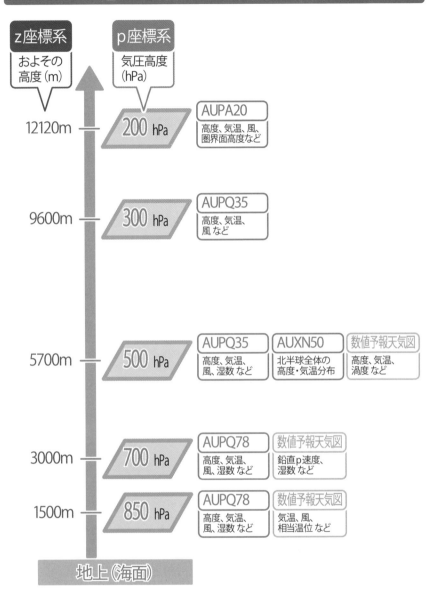

1-5 予想天気図

予想天気図は将来の大気の状態を予想した天気図です。ここでは予想天気図の概要とその種類、そして予想天気図の作成に欠かせない数値予報システムについて紹介します。

● 予想天気図とは

予想天気図は文字通り、将来の大気の状態を予想した天気図です。気象観測データをもとにコンピューターでシミュレーションを行い、その結果出力されたものです。

天気予報現場には欠かせない天気図群で、もちろん気象予報士試験にも必ず登場するものです。予想天気図にもたくさんの種類があり、書かれている要素が異なります。また予想天気図の場合、同じ要素でも予想時刻ごとに何枚も図が出力されるという特徴があります。

天気予報の種類、注目すべき大気現象などによって、活用する予想天気図が異なります。本書では短期予報（今日・明日・あさっての天気予報）向けの予想天気図を第4章で、週間天気予報や1か月予報など、中・長期予報向けのものは第5章で紹介します。

● 数値予報

現代の天気予報は「実際の気象観測データの数値が将来どのような数値に変わっていくのか」をコンピューターで計算する方法が主流となっています。このような予測手法を、**数値予報**（numerical prediction）と言います。数値予報はいわば「気象版コンピューターシミュレーション」です。コンピューターの中に地球大気を再現し、そこに実際の観測データを当てはめてシミュレーションを行うのです。

コンピューターの中に再現した地球大気を**数値予報モデル**と言います。数値予報モデルの正体は、水や大気、熱などのさまざまな物理法則を表した方程式のあつまりで、この方程式を解くことにより、将来の大気の状態を表す数値が算出されるのです。

図1-5-1　数値予報モデルのイメージ図

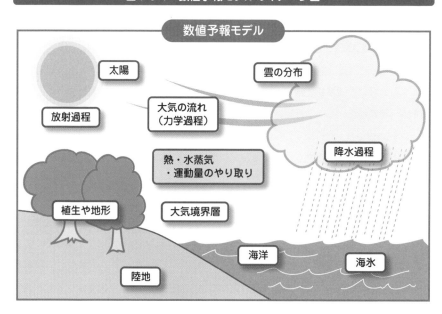

ここで簡単に数値予報の手順をまとめておきます。

図1-5-2　数値予報作業の流れ

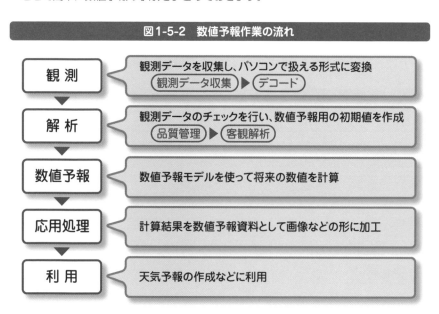

　まず気象観測によって得られた各種データを、コンピューターで扱える形に変換（**デコード**）します。そして誤差が大きいなどの不適切なものを除去したり、適正な数値に修正したりする**品質管理**という作業が行われます。そして品質管理の済んだ観測データを、数値予報モデルで計算するための形に変換し、**初期値**を作成します。この初期値を作成する工程を**客観解析（データ同化）**と言います。この初期値を使って数値予報の計算が行われますが、得られる計算結果は「単なる数値のあつまり」です。そこで計算結果は使いやすい形に加工されます。この工程を**応用処理**と言い、そしてその結果、出力されたものを**応用プロダクト**と言います。予想天気図のうち、数値予報の計算結果をそのまま画像化したものを数値予報天気図と言いますが、数値予報天気図も応用プロダクトのひとつです。

　天気予報は、これらの応用プロダクトをもとに人の手によって判断・作成されます。

　また観測データの品質管理から数値予報の計算までの一連の流れを支えるシステムをまとめて**数値予報システム**と言います。数値予報システムは現代の天気予報の根幹を支えるきわめて大切な存在で、より精細で正確な予報が出せるよう日々改良が加えられています。

● 気象庁の数値予報モデル

　気象庁は、予報対象や目的に応じて、さまざまな数値予報モデルを運用しています。それぞれの基本的な仕様と主な利用目的を、図1-5-3に紹介します。

図1-5-3　気象に関する数値予報モデル

	全球モデル		メソモデル		局地モデル
略　称	GSM		MSM		LFM
扱う情報の種類	台風予報 府県天気予報 週間天気予報 など		防災気象情報 降水短時間予報 府県天気予報 など		防災気象情報 降水短時間予報 など
予報領域	地球全体		日本周辺域		日本周辺域
格子間隔	約13km		5km		2km
予報期間	11日間	5.5日間	78時間	39時間	10時間

アンサンブル予報モデルは図5-4-5（204ページ）を参照
2023年11月現在

そのうち地球全体を予報対象とした**全球モデル（GSM）**は、府県天気予報（今日・明日・あさっての天気予報）や週間天気予報、台風予報などを幅広く支える数値予報モデルです。日本周辺域を対象とし、よりきめ細かい計算が行われる**メソモデル（MSM）**や**局地モデル（LFM）**は降水短時間予報や防災気象情報などに活用されています。

また週間天気予報や季節予報など、中・長期的な予報には**アンサンブル予報**と呼ばれる技術が使われており、それに対応した数値予報システムが導入されています（アンサンブル予報の詳細は5-4参照）。

なお数値予報モデルは常に改良がなされ、仕様は今後も随時変更が加えられていくものと思われます。常に最新の情報を確認するようにしてください。

● 予想天気図の種類

図1-5-4におもな予想天気図の種類と、それによって得られる情報の一覧を示します。

テレビの天気予報でおなじみの「明日の予想天気図」は、FSAS24によって得られる24時間後の地上天気図がもとになっています。また、「明後日の予想天気図」として、48時間後の地上天気図の予想も配信されています。FSAS24とFSAS48はともに、数値予報の結果に基づいて、予報官が解析・判断して作成しています。

数値予報天気図の多くは、いくつかの物理量を組み合わせて1つの図として配信しています。それをさらにいくつか並べた状態で1枚の天気図として配信されています。例えばFXFE502では、上段側に500hPaの高度と渦度の予想図が2つ、下段側に地上の気圧と降水量、海上風の予想図が2つ、計4つの図が組み合わされる形で、1枚の天気図として配信されています。いずれも左側が12時間後、右側が24時間後の予想です。

また異なる高度の物理量を組み合わせて1つの図にしている場合もあります。例えば、FXFE5782下段側の「極東850hPa気温・風、700hPa上昇流予想図」は、気温と風は850hPaについて、上昇流（鉛直p速度）は700hPaについて1つの図に重ねてあります。

図1-5-4　予想天気図の種類

天気図略号	高度	天気図の要素	予想時刻（時間後）					参 照	
			12	24	36	48	72	項	ページ
FSAS24	地上	気圧		●				4-1	146
FSAS48	地上	気圧				●			
FXFE502	地上	気圧、降水量、風	●	●				4-2	152
	500hPa	高度、渦度	●	●					
FXFE504	地上	気圧、降水量、風			●	●			
	500hPa	高度、渦度			●	●			
FXFE507	地上	気圧、降水量、風					●		
	500hPa	高度、渦度					●		
FXFE5782	850hPa	気温、風	●	●				4-3	161
	700hPa	鉛直p速度、湿数	●	●					
	500hPa	気温	●	●					
FXFE5784	850hPa	気温、風			●	●			
	700hPa	鉛直p速度、湿数			●	●			
	500hPa	気温			●	●			
FXFE577	850hPa	気温、風					●		
	700hPa	鉛直p速度、湿数					●		
	500hPa	気温					●		
FXJP854	850hPa	相当温位、風	●	●	●	●		4-4	171

「初期値の時刻」と予想対象時刻

予想天気図を読む際に特に注意が必要なのが、天気図の時刻です。予想天気図に書かれている時刻には、**初期値の時刻**と**予想対象時刻**の２つがあります。「初期値の時刻」は、数値予報の初期値のもととなった観測値の観測時刻です。

一方の予想対象時刻は、その予想図に描かれている未来の状態がいつの予想を指すのかを示した時刻です。また図中に記されているＴ＝○○は、初期値から○○時間後の予想という意味です。

図1-5-5　予想天気図の２つの時刻

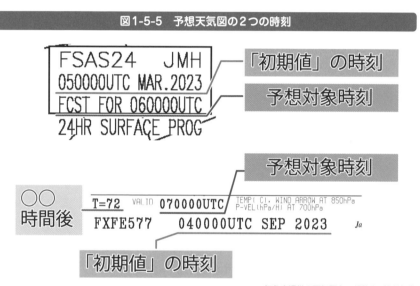

気象庁提供の天気図を一部拡大、筆者加筆

つまり予想天気図の場合「XX月XX日XX時の観測データを初期値として作成された、TT時間後（YY月YY日YY時）の状態を予想した天気図」ということになります。

これらの初期値の時刻と予想対象時刻は、それぞれの天気図に記載されているので、最初にまず確認するようにしましょう。その際は時刻の表記方法、つまり協定世界時（UTCまたはZ）と日本標準時（JST）のどちらで表されているのかにも注意をしてください。

● 解析にあたっての注意事項

予想天気図は、あくまで「予想」の天気図です。数値予報の精度がかなり高くなったとはいえ、完ぺきにすることはできません。数値予報の材料ともいえる観測データにはどうしても誤差があります。また地球全体をくまなく観測できているわけでは無く、時間軸で見ても、一瞬たりと逃さずすべてのデータを収集・管理することは不可能です。また数値予報に使う方程式も、自然現象を100%完ぺきに再現できているものではないため、計算の過程でもどうしても誤差ができてしまいます。また数値が弱め（強め）に出る傾向があるなど「計算上の癖」もあります。

また大気には、初期値の誤差が時間とともにどんどん拡大してしまうという**カオス的性質**があります。そのため先の予報になればなるほど精度が落ち、あまりあてにならなくなっていくという特性があります（→図5-4-1：200ページ）。

数値予報の結果を確認するときは、それをそのまま鵜呑みにするのではなく、必ず誤差が含まれるものとして、実際の状態や他の数値と比べて矛盾が出ていないかなどをきちんと確認するようにします。また、あらかじめ「予測の癖」が分かっている場合は、それも考慮に入れた上で解析するようにします。いわゆる数値予報天気図の類も同様です。

またピンポイントで起こる現象（局地的大雨など）や、地形が関係する現象（地形性大雨など）などのように、予測の難しいものもあります。このような現象は予想天気図でじゅうぶん再現できなかったり、弱く見積もられていたりすることもあります。

近年、記録的な大雨の原因として注目されている線状降水帯も発生の予測が難しく、予想天気図の中にうまく再現できるとは限りません。これらの予測不確実性の高い現象が発生しやすい気象条件であると見込まれる場合は、それを理解した上で予想天気図を読む必要があります。

もうひとつ、予想天気図はあくまでも「予想」の図であり、実際のものではありません。過去の事例を解析するときは、予想天気図ではなく、なるべく実況天気図（ベストなのは確定値として発表された気象庁天気図：巻頭カラーページ参照）を使うようにしましょう。

天気図に登場する
要素や数値のはなし

　　高気圧や低気圧、前線、風の収束・発散などは、
天気図をもとに天気の変化を読み解くうえで必
須の要素です。また観測値をもとにして計算・描
出された湿数や鉛直p速度、渦度、相当温位など
のさまざまな物理量も欠かせないものです。そ
れからアジア地上解析や高層断面図では、地上
気象観測の結果が国際式天気記号で記されてい
ます。ここでは天気図の読みかたに関する予備
知識のひとつとして、天気図内に登場するさま
ざまな要素や数値について説明していきます。

2-1 気圧の高いところ、低いところ

天気の変化を及ぼすもっとも重要な概念として、高気圧や低気圧、気圧の尾根（リッジ）や気圧の谷（トラフ）があります。ここでは、天気図解析の予備知識として、高気圧や低気圧について説明します。

● 高気圧と低気圧

周囲よりも気圧が高いところを**高気圧**（high/anticyclone）、低いところを**低気圧**（low/cyclone）と言います。あくまで周囲と比べてどうかというもので、何hPa以上（未満）という具体的な数値基準はありません。

高気圧の中心付近は周辺よりも空気の密度が濃く、いわば空気分子で「混雑」したような状態です。そのためそれを解消しようと、周辺（外側）に向かって空気分子が分散します。結果として、北半球では高気圧の中心から外側に向かって時計回りに風が吹き出します。そして外側に出て行ったぶんの空気を補うために、上空の空気が下降して**下降気流**（descending current）を形成します。下降気流があると雲が消散するので高気圧圏内は比較的晴れやすい傾向にあります。

一方の低気圧は中心にいくほど気圧が低い、つまり空気の密度が薄くなっています。これを解消しようと、外側から中心に向かって空気が集まってきます。そのため低気圧のある場所は北半球では中心に向かって反時計回りに風が吹きこみます。そして中心付近に集まった空気は行き場を求めて上へと向かうようになります。これが**上昇気流**（ascending current）です。上昇気流は雲を発生させるため、低気圧があると天気が悪くなる傾向があります。

以上が教科書的な高気圧・低気圧のパターンですが、実際の天気変化はより複雑で、地域や季節、そのときの気象状況などにも大きく左右されます。天気図上は高気圧圏内なのに雨が降ったりとするいうのはよくあることです。教科書的なこともベースにしつつも、それに囚われすぎず、その時々に応じて柔軟に見ていく必要があります。

図2-1-1　高気圧と低気圧の模式図

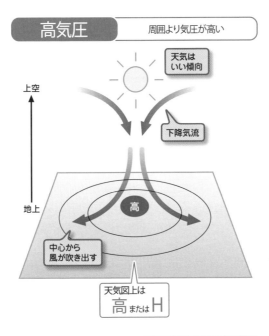

高気圧　周囲より気圧が高い

天気は
いい傾向

下降気流

上空

地上

高

中心から
風が吹き出す

天気図上は
高 または H

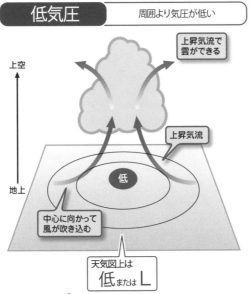

低気圧　周囲より気圧が低い

上昇気流で
雲ができる

上昇気流

上空

地上

低

中心に向かって
風が吹き込む

天気図上は
低 または L

図2-1-2　高気圧でも晴れなかった例

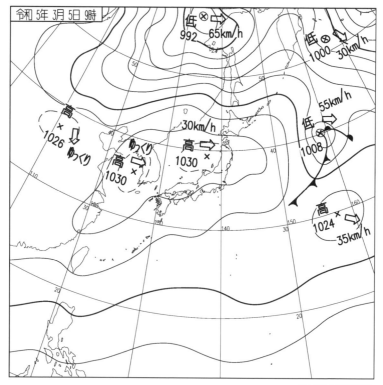

天気図は気象庁提供

Check! 2023年3月5日9時の速報天気図。日本付近は一見すると高気圧に覆われているものの、東日本の太平洋側を中心にくもりや雨のぐずついた天気になりました。高気圧の中心が北に偏るように張り出したため、東から湿った空気が入りやすくなったのが原因です。

🌑 地上天気図における高気圧・低気圧

地上天気図での高気圧や低気圧は、ふつう閉じた等圧線の形ではっきりと現れます。その中心位置は×で記され、「高：H」や「低：L」と書かれているので、これらはぱっと見ですぐに分かります。

しかし中には「閉じた等圧線」の形ではっきり表れないものの周囲より気圧が高い（または低い）場所があります。このような場合、周囲より気圧が高い場所を**リッジ（気圧の尾根；pressure ridge）**、気圧が低い場所を**トラフ***と言います。リッジやトラフは天気に大きな影響を与えることが少なくないため、見落とさないように注意が必要です。

図2-1-3　地上天気図に現れるリッジとトラフの模式図

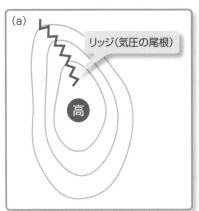

(a) リッジ（気圧の尾根）
高

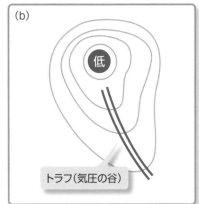

(b) 低
トラフ（気圧の谷）

> **Check!** （a）の高気圧側から低気圧側に向かって等圧線が張り出している部分が気圧の尾根（リッジ）で、わりと天気がよくなる傾向があります。一方、（b）のように、低気圧側から高気圧側に向かって等圧線が張り出している場所は気圧の谷（トラフ）であり、思わぬ悪天をもたらすことがあるので注意が必要です。

リッジは、等圧線が高気圧側から低気圧側に向かって張り出すような形をしています。トラフは反対で、等圧線が低気圧側から高気圧側に向かって張り出す形になります。等圧線が膨らんでいたり、凹んでいたり、不自然に曲がっていたりするような場所は、そこにリッジやトラフが潜んでいないかどうかチェックする必要があります。

***トラフ** 「気圧の谷」のこと。；pressure trough。

図2-1-4　地上天気図のトラフの例

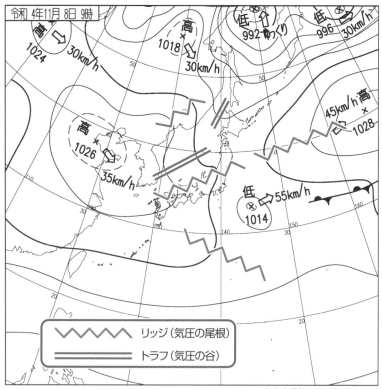

気象庁提供の天気図に筆者加筆

高層天気図における高気圧・低気圧

　高層天気図は**等圧面**（気圧の等しいところを結んだ面）ごとに作成され、等圧線の代わりに等高度線（→36ページ）が引かれています。天気図上は1枚の平面の図に記されていますが、実際の等圧面は平らではなく、かなりデコボコしています。そのイメージを示したのが図2-1-5です。

図2-1-5　気圧と等高度線の関係

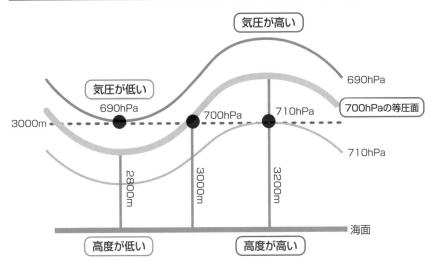

　この図のように、ふつう等圧面は気圧の低いところで凹み、その高度が低くなっています。つまり天気図上では等高度線の数値が小さくなります。一方、気圧の高いところでは、等圧面が盛り上がって、その高度は高くなります。つまり天気図上では等高度線の数値が大きくなります。

　まとめると

等高度線の数値が大きい　➡　気圧が高い
等高度線の数値が小さい　➡　気圧が低い

ということになります。

　一般に等高度線の数値は、北半球では、高緯度側（北側）ほど小さく、低緯度側（南側）ほど大きくなります。そのため等高度線が低緯度側（南側）へと垂れ下がっている場所はトラフとなっています。反対に高緯度側（北側）に盛り上がっている場所はリッジとなっています。高層天気図の場合、地上天気図と異なり、線がはっきりと閉じた形の高気圧や低気圧が現れにくくなるので、いかにトラフやリッジを検出できるかがカギとなります。

図2-1-6　高層天気図でのトラフとリッジの模式図

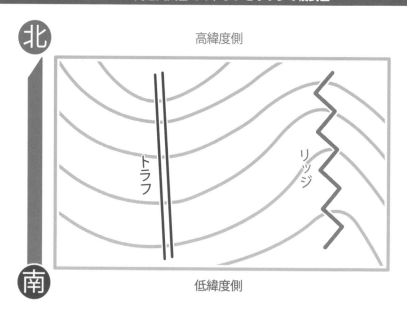

2-2 台風と熱帯低気圧

日本で発生する大規模気象災害の原因の筆頭とも言えるのが台風です。台風のことを知り、その動向を早く正確に予測することは、防災という観点からも極めて重要です。

● 熱帯低気圧

　熱帯低気圧（tropical cyclone）は、海面から蒸発する水蒸気がもつ潜熱をエネルギー源とする低気圧を総称したものです。暖気のかたまりからなり、前線は伴いません。一般に海面水温27℃以上の海域で発生しやすいとされ、熱帯地方（低緯度帯）の海上で多発します。

　熱帯低気圧発生のきっかけとなる要因はいくつかあり、その代表ともいえるのが**モンスーン合流域**（confluence zone）と、そこに形成される**モンスーントラフ**（monsoon trough）です。モンスーン合流域は、**貿易風**（低緯度帯で吹く東寄りの風で偏東風とも言います）と、**南西モンスーン**（インド洋から南シナ海、中国大陸南部を経て東シナ海方面に向かう暖かく湿った南西の風）がぶつかる場所で、だいたい南シナ海～フィリピンの東にかけての海域がそれにあたります。この風のぶつかり合いに伴ってできる低圧部をモンスーントラフと言い、熱帯低気圧はこの中でよく発生します。

図2-2-1　モンスーン合流域とモンスーントラフ

　熱帯収束帯（ITCZ*）と呼ばれる場所も熱帯低気圧の多発地帯です。熱帯収束帯は南半球側で吹く南東貿易風と北半球側で吹く北東貿易風がぶつかるライン（収束帯）で、風がぶつかることで上昇気流が発生するため、積乱雲が発生しやすく、何らかの理由で多数の積乱雲が集まってひとつにまとまることで熱帯低気圧が誕生します。なお、熱帯低気圧の渦巻ができるにあたり、地球の自転効果はとても重要な役目を果たしています。この地球の自転効果がゼロになる赤道上では、熱帯低気圧は発生しません。

● 熱帯低気圧の位置と呼び名

　発達した熱帯低気圧は、存在する海域によってその呼び名が変わります。**台風**は太平洋の北半球側で東経180度より西側に存在する熱帯低気圧のうち、中心付近の最大風速が17.2m/s（34ノット）以上であるものを言います。

　太平洋の東経180度より東側に存在するものは、北半球・南半球ともに**ハリケーン**（**Hurricane**）と言います。なお北大西洋からカリブ海にかけての海域に存在するものもハリケーンと言います。

　インド洋周辺に存在するものは**サイクロン**（**Cyclone**）と呼びます。以下、本書では特に断りがない限り、台風について扱っていきます。

図2-2-2　熱帯収束帯

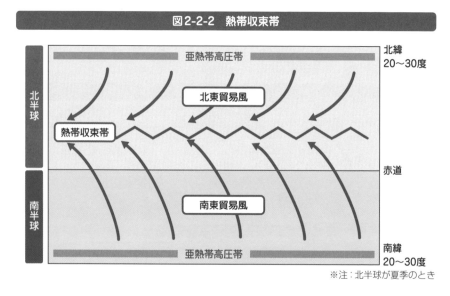

※注：北半球が夏季のとき

＊**ITCZ**　Inter Tropical Convergence Zoneの略。

図2-2-3　熱帯低気圧の存在位置と呼び名

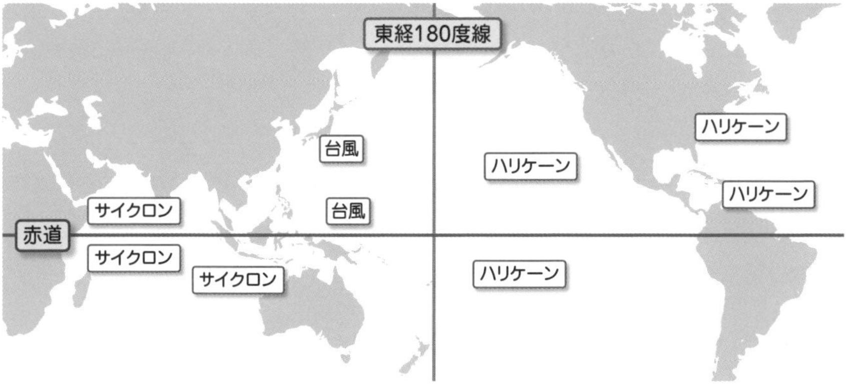

プチ解説　かつて、オーストラリア周辺で発生したものはウィリ・ウィリと呼ばれましたが、現在はサイクロンと呼ばれるようになりました。

● 台風の強さと大きさ

　日本では中心付近の最大風速が17.2m/s以上になったものを台風、それに満たないものを熱帯低気圧と呼んでいます。そして台風は、中心付近の最大風速に応じて「強い」「非常に強い」「猛烈な」という3つの強さの階級が定められています。

　「強い」台風は32.7m/s（64ノット）以上43.7m/s（85ノット）未満、「非常に強い」台風は43.7m/s以上（85ノット）〜54.0m/s未満（105ノット）です。

　そして54.0m/s（105ノット）以上は「猛烈な」台風と呼びます。

　国際分類でも中心付近の最大風速に応じた分類が行われています。17.2m/s（34ノット）未満は**TD***、17.2m/s（34ノット）以上24.5m/s（48ノット）未満は**tropical storm**（略語：**TS**）、24.5m/s（48ノット）以上32.7m/s（64ノット）未満は**severe tropical storm**（略語：**STS**）、そして32.7m/s（64ノット）以上が**typhoon**（略語：**T**）です。

　国内向けの速報天気図（SPAS）は、日本の分類で記入されていますが、アジア地上解析（ASAS）や海上悪天予想図（FSAS24/48）と言った国内外での利用を想定した天気図での表記は国際分類となっています。

＊**TD**　tropical depressionの略。

　台風の大きさは、風速15m/s以上の風が吹く強風域の半径によって階級が定められています。強風域の半径が500km以上800km未満のものは「**大型**（大きい）」、800km以上のものは「**超大型**（非常に大きい）」とします。この大きさの表現は台風情報で使われるものの、天気図上には特に表記されません。

　なおかつては「小型」「中型」「弱い」「並」も存在しましたが、これらは防災上誤解を招く恐れがあるため廃止されました。熱帯低気圧も従来は「弱い熱帯低気圧」と表現されましたが、同様に防災上誤解を招く恐れがあるため、現在は単に熱帯低気圧とします。

Column 越境台風

　図2-2-3のとおり、北半球の太平洋にある発達した熱帯低気圧は、東経180度線を境に呼び名が変わります。そのため当初ハリケーンとして発生したものが、西へと進んで東経180度線をまたいで台風になることがあります。このような台風を俗に**越境台風**と言います。反対に、台風がどんどん東へと進んで東経180度線を越え、ハリケーンになることもあります。また台風がインド洋方面に進んでサイクロンになる事例も少なからず存在します。

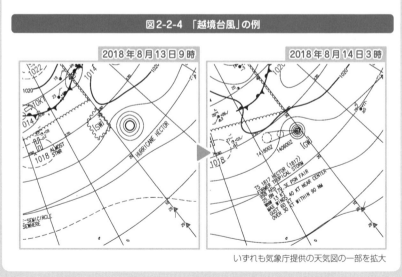

図2-2-4 「越境台風」の例

いずれも気象庁提供の天気図の一部を拡大

図2-2-5　台風の強さと大きさの表現

最大風速		風力	日本の分類		国際分類	
以上	未満		強さの階級	区分	区分	略語
	17.2m/s	7以下	―	熱帯低気圧	tropical depression	TD
17.2m/s	24.5m/s	8〜9	―		tropical storm	TS
24.5m/s	32.7m/s	10〜11			severe tropical storm	STS
32.7m/s	43.7m/s		強い	台風		
43.7m/s	54.0m/s	12以上	非常に強い		typhoon	T
54.0m/s			猛烈な			

大きさの階級	強風域の半径	
	以上	未満
―		500km
大型	500km	800km
超大型	800km	

● 台風の構造

　台風を気象衛星雲画像で見ると、典型的なものは、円形の大きな雲のかたまりで、反時計回りに渦を巻いています。しばしば中心にぽっかりと穴が開き、これを**台風の目**（eye）と呼びます。「台風の目」は勢力の強い台風ほどはっきり目立つ傾向があります。

　この台風の目をぐるりと取り囲む、壁のように背の高い積乱雲のあつまりを**壁雲**（primary eyewall）と言います。特に発達した台風では、壁雲の外側に**第二の壁雲**（secondary eyewall）ができることがあります。

　そして壁雲の外側に見られるいわゆる「台風本体の雲」が、**内側降雨帯**（inner band）です。内側降雨帯はさらに、本体部分のinner rain shieldと、それに伴う螺旋状の積乱雲列のinner rainbandに区別されることがあります。

　さらにその外側、一般に「台風の外側の雲」と呼ばれる部分に相当するのが**外側降雨帯**（outer band）です。外側降雨帯もある程度の広がりを持つouter rain shieldと、螺旋状にのびる積乱雲列のouter rainbandに区別されることがあります。

　今度は台風の鉛直構造を見てみましょう。台風は、上から見ると反時計回りに回転する大きな渦巻ですが、それとは別に、鉛直方向の循環も存在します。地表から高度1km

程度のエクマン境界層では、風が地面の影響を受け、中心へと向かうような流れとなります。中心付近に集まった空気は行き場を求めて上昇していきます。そして対流圏上層に達すると、今度は中心から外側に向かって発散する流れに変わります。なお台風の目の部分は下降気流となっています。

図2-2-6　台風の構造の模式図

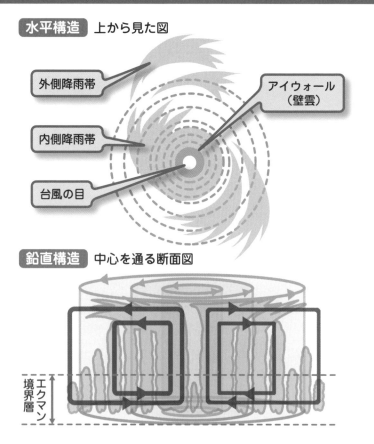

水平構造　上から見た図

外側降雨帯

アイウォール（壁雲）

内側降雨帯

台風の目

鉛直構造　中心を通る断面図

エクマン境界層

Check! 台風の雲は、大きく外側降雨帯（台風の外側の雲）と内側降雨帯（台風本体の雲）に分けられます。そして、中心付近の台風の目を取り囲むようにひときわ発達した積乱雲を「壁雲」と言います。台風の目は発達した台風ほど鮮明になる傾向があります。

● 台風の一生

台風の一生は、大きく発生期、発達期、最盛期、衰弱期の4つの段階に分けられます。

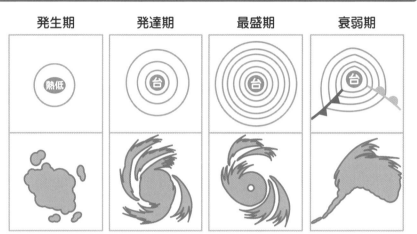

図2-2-7　台風の一生

発生期　　発達期　　最盛期　　衰弱期

　熱帯の海上では、積乱雲が次々と湧いては消えを繰り返しています。何らかの理由でこれらの積乱雲が集まって、大きな雲のかたまりとなり、渦を巻きはじめたものが熱帯低気圧です。熱帯低気圧が発生する要因として、モンスーントラフ、熱帯収束帯の動向、それから**偏東風波動**（赤道付近で吹く貿易風の中に含まれる波動）などが関係しています。この熱帯低気圧が発達して、中心付近の最大風速が17.2m/s以上を超えると「台風」になります。

　台風のエネルギー源は、雲ができる過程で水蒸気から放出される潜熱です。海水温が高ければ高いほど、海面から供給される水蒸気の量も多くなり、そこから放出される潜熱をもとに、急速に発達していきます。雲は次第に大きな円形にまとまりながら、はっきりとした渦を巻くようになります。中心気圧もぐんぐん下がり、中心付近の最大風速も強まっていきます。この段階を発達期と言います。この発達には、**第2種条件付不安定**（**CISK**）のメカニズムが関係しています。第2種条件付不安定については次項で詳しく説明します。

　台風の勢力が最も強い時期を最盛期と言います。特に発達した台風は、雲の中心にぽっかりと穴が開いたようになり、これを台風の目と言います。そして最盛期を過ぎる

と衰弱過程に入ります。

　北上して中緯度帯に進んだ台風は、下層渦だけの状態（シアーパターン）になり、熱帯低気圧に変わったのち消滅する場合や、北のほうにある冷たい空気を巻き込んで前線ができ、次第に温帯低気圧の構造へと変化していくこともあります（**台風の温低化**）。

　温低化すると天気図上からは台風の文字は消えますが油断は禁物です。温低化後に温帯低気圧として再発達することがあり、こうなると、台風の時よりも強い風の吹く範囲が広がり、風による被害が大きくなることがあります。

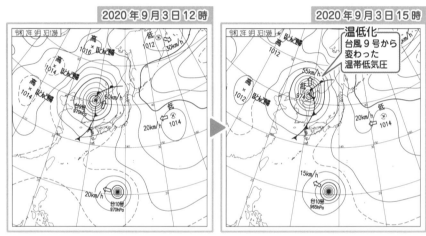

図2-2-8　温低化した台風の例

いずれも気象庁提供の天気図に筆者加筆

● 台風が発達するしくみ

　台風の渦巻の強化・維持に深くかかわっているのが、**第2種条件付不安定（CISK）**です。台風の渦巻の下層（地表面〜高度約1km）は**エクマン境界層**と呼ばれ、ここで吹く風は地面との摩擦の影響を受けます。摩擦によって風向が変わり、らせん状に回転しながら中心へと向かう流れが形成されます。この流れとともに中心付近に集まった空気は、行き場を求めて上に向かうようになります（上昇気流の発生）。

　海水温の高い海域の空気は、雲の材料となる水蒸気をたっぷりと含んでいるため、上昇気流によって積乱雲が次々と発生・発達します。そして雲ができるときに水蒸気から放出される潜熱が、空気を暖めます。空気は暖められると軽くなり、浮力を得てぷかぷかと上昇します。つまり水蒸気から放出される潜熱によって、中心付近の上昇気流が強められるのです。

　中心付近で上昇気流が強まると、上昇した分の空気を補うために周囲から中心に向かう流れが強化されます。この中心に向かう流れに地球の自転効果が加わって、反時計回りの渦巻が強化されていきます。このように連鎖反応的に正のフィードバック機構がはたらき、台風の渦巻は強化されていきます。

図2-2-9　第2種条件付不安定による発達のしくみ

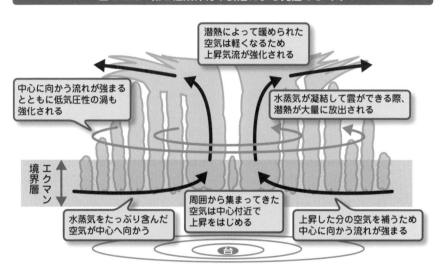

潜熱によって暖められた
空気は軽くなるため
上昇気流が強化される

中心に向かう流れが強まる
とともに低気圧性の渦も
強化される

水蒸気が凝結して雲ができる際、
潜熱が大量に放出される

エクマン境界層

水蒸気をたっぷり含んだ
空気が中心へ向かう

周囲から集まってきた
空気は中心付近で
上昇をはじめる

上昇した分の空気を補うため
中心に向かう流れが強まる

台

Check! 中心に向かって反時計回りに風が吹き込み、中心付近で吹き込んできた風がぶつかり上昇します。上昇の際に積乱雲が発生し、水蒸気が凝結する際に**潜熱**を放出します。この潜熱によって中心付近の空気が暖められ、気圧が低下します。気圧の低下によって上昇気流が強化され、それを補うように、また周囲から周辺に向かって風が流れ込みます。これを繰り返して、台風は発達していきます。このように、低気圧性循環と積乱雲の潜熱の放出の2つの相乗効果で発達する過程を、CISKと言います。

2-3 前線

高気圧や低気圧と同じくらい、天気に大きな影響を与える前線。本項ではその前線の基本構造と種類ごとの特徴について紹介します。あわせて天気図から前線を読み取るためのコツについてもふれていきます。

● 前線の立体構造

　暖気と寒気のように、異なる性質を持った2つの空気（より正確には、密度の異なる2つの空気塊）の境目を**前線帯**（frontal zone）と言います。この前線帯はある程度の幅（ふつう100km程度）があるもので、また構造も立体的です。天気図解析上は、前線帯の暖気側の境界面を**前線面**（frontal surface）とします。そしてこの前線面と地表面が交わった部分を**前線**（front）といい、地上天気図に描かれているのもこれです。

　ふつう前線帯は寒気側に傾いているため、地上天気図と高層天気図の前線の位置には「ずれ」があります。

図2-3-1 前線の立体構造

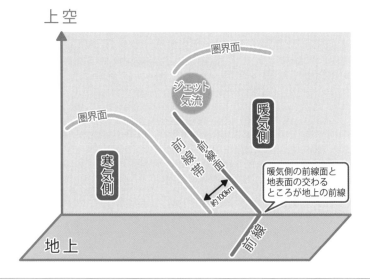

● 前線の種類と特徴

前線はその構造のちがいから、温暖前線、寒冷前線、停滞前線、閉塞前線の4種類に大きく分けられ、地上天気図ではそれらがきちんと描き分けられています。

温暖前線 (warm front) は暖気側に勢いがある前線で、冷気の上に暖気がななめに這い上がるようにのぼっていきます。乱層雲や高層雲といった「層状」の雲が成長し、前線の近くではしとしとと長い時間雨が降り続きます。ふつう温帯低気圧の前面 (東側) に発生します。

寒冷前線 (cold front) は寒気側に勢いがある前線で、寒気側から暖気側に向かって移動していきます。典型的なものでは、寒気が暖気の下にもぐりこみ、その際に暖気が跳ね上げられて上昇気流となり積乱雲が発達します。そのため寒冷前線通過時は、一時的に雷雨となり、その後気温が急に下がります。ふつう温帯低気圧の後面 (西側) に発生します。このようなタイプを**アナ型** (**アナフロント**) の寒冷前線と言います。

図2-3-2　温暖前線と寒冷前線

上から見た図

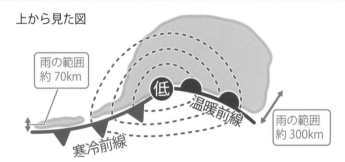

横から見た図（断面）

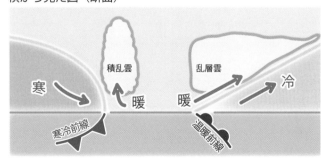

　一方で寒冷前線にはもうひとつ、上側にある暖気がそのまま下降してくるタイプがあり、これを**カタ型**（**カタフロント**）と言います。カタ型の寒冷前線では、前線近くで強い上昇気流が起こりにくく、前線通過に伴う天気の変化も小さい傾向があります。

　ところで、低気圧周辺で天気の変化に大きな影響を与える3つの気流に着目した、**コンベヤーモデル**というものがあります。そのうちのひとつが**暖かいコンベヤーベルト**（**WCB**）です。これは低気圧の**暖域**（低気圧の中心南側で温暖前線と寒冷前線の間）にある南からの暖かく湿った気流です。このWCBが寒冷前線のすぐ近くにあるときは前線近くで寒気と暖気の温度差が大きくなり、大気の状態が不安定となって積乱雲が発達します。アナ型の寒冷前線はこの状態です。一方で、WCBが寒冷前線から離れた位置を流れているときは、前線近くの温度差が比較的小さく雲があまり発達しない傾向があります。カタ型の寒冷前線はこの状態です。

図2-3-3　アナ型とカタ型の寒冷前線

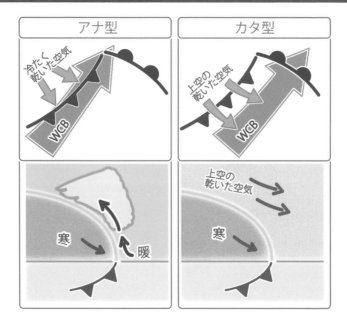

　寒気と暖気の勢力がだいたい同じくらいで、あまり動きがないものを、**停滞前線**（**stationary front**）と言います。停滞前線の代表的なものとして梅雨期の梅雨前線や、9月頃の秋雨前線が挙げられます。

図2-3-4　停滞前線

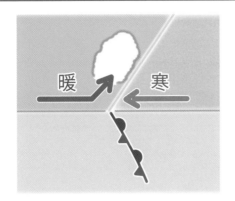

 上空寒冷前線

　カタ型の寒冷前線では、上空から降りてきた乾燥した空気の一部が、前線を越えて暖域の上空へと入り込み、その先で**上空寒冷前線**（cold front aloft；CFA）を形成することがあります。この上空寒冷前線のことを**スプリットフロント**（split front）とも言います。

　この上空寒冷前線はしばしば強い雨を降らせ、地上の寒冷前線よりも目立つため、地上の前線解析を難しくする存在でもあります。

図2-3-5　上空寒冷前線

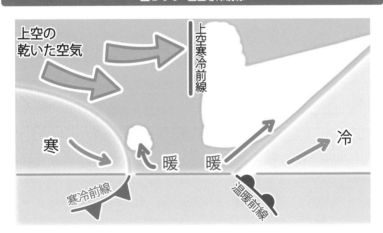

　停滞前線は時にカクッと曲がることがあり、それを**キンク**（kink）と言います。キンクの部分には、将来的に低気圧が発生する可能性があります。

　また、停滞前線の南北の温度差が大きくなると、前線上に低気圧が発生し、その東側が温暖前線に、西側が寒冷前線に変化することもあります。

図2-3-6　キンクの例

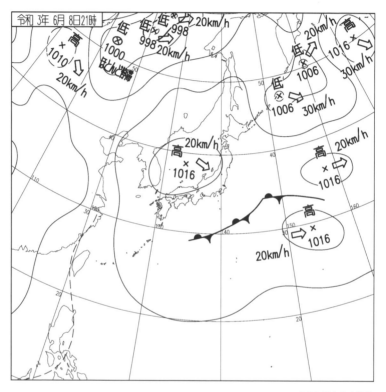

天気図は気象庁提供

　もう1つ、**閉塞前線**（occlusion front）があります。温暖前線よりも寒冷前線のほうが移動速度は速いため、やがて寒冷前線が温暖前線に追いついて閉塞前線ができます。閉塞前線は、構造のちがいから**温暖前線型閉塞前線**と**寒冷前線型閉塞前線**の2つのタイプに分けられます。

温暖前線型閉塞前線は、地表付近が温暖前線の構造になっているもので、天気図上は「入」の字に似た形となります。一方の寒冷前線型閉塞前線は、地表付近は寒冷前線の構造で、天気図上は「人」の字に似た形となります。

2

天気図に登場する要素や数値のはなし

図2-3-7 閉塞前線

▼温暖前線型 閉塞前線

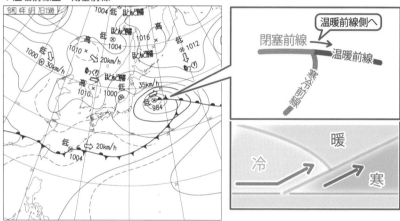

天気図は気象庁提供

▼寒冷前線型 閉塞前線

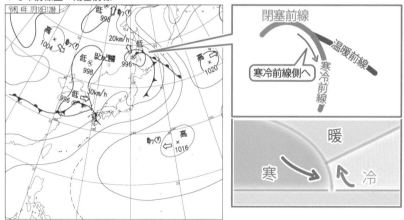

天気図は気象庁提供

高層天気図における前線

前線のあるところは寒気と暖気が接しているため気温差（温度傾度）が大きく、雲が発生しやすい傾向があります。そのため天気図上は、前線に対応して以下のような特徴が見られます。

（1）等温線や等相当温位線が帯状に混みあう（特に850hPa）
（2）上昇流域や湿域が帯状にのびる（特に700hPa）
（3）風と風がぶつかるように吹いている

図2-3-8　高層天気図上で前線を示唆する特徴

等温線が帯状に混みあっている

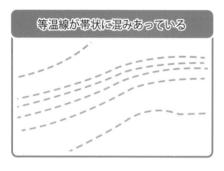

風がぶつかるように吹いている

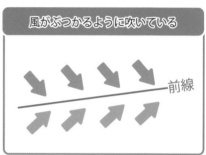

上昇流域が帯状にのびている

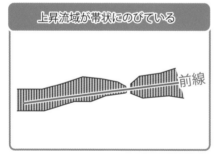

湿域が帯状にのびている

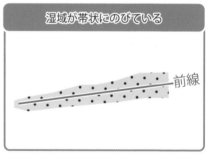

また図2-3-1に示したとおり、規模の大きな前線帯は対流圏上層にジェット気流を伴っています。そのため必要に応じて300hPaより上の高度の天気図におけるジェット気流と、地上の低気圧・前線との対応を確認しておくとよいでしょう。

図2-3-9　前線と高層天気図の例

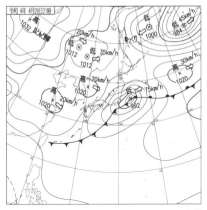

天気図は気象庁提供

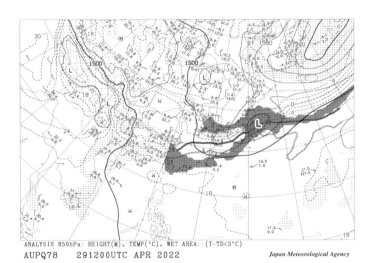

ANALYSIS 850hPa: HEIGHT(M), TEMP(°C), WET AREA::(T-TD<3°C)
AUPQ78　291200UTC APR 2022

Japan Meteorological Agency

気象庁提供の天気図に筆者加筆

> **Check!** 上が地上天気図、下が850hPa天気図、どちらも2022年4月29日21時のものです。850hPa天気図は低気圧周辺の湿域を青色に、12℃等温線を濃い青色、15℃等温線を薄い青色でなぞっています。また低気圧の中心を示すLのスタンプを強調しています。これを見ると地上の低気圧周辺と、前線に沿って湿域が広がっています。地上の温暖前線は12℃等温線に、地上の寒冷前線は15℃等温線の南側に沿うようにのびる湿域におおむね対応しています。

2-4 風の収束と発散

天気図の風の分布から、風がぶつかるように吹く場所（風の収束）と、風の散らばるように吹く場所（風の発散）が検出できることがあります。どちらも天気の変化に影響を与える要素なので、しっかり押さえておきたいところです。

● 収束と発散

風がぶつかる、あるいは集まるように吹くことを**収束**（convergence；con）と言います。反対に周囲に散らばるように吹くことを**発散**（divergence；div）と言います。

風Vがどのくらい強く収束・発散しているのかを数値で表すとき、数式上はdivVと表現します。その場合、発散でdivV＞0となります。一方の収束は、いわば発散の逆の状態で、数式処理上は＋・−の符号が逆になります。

つまり収束は「負の発散」で、divV＜0となります。なおdivVの単位は、「s⁻¹」です。

図2-4-1　収束と発散の概念図

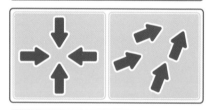

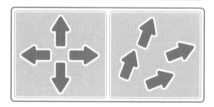

● 鉛直流との関係

　上昇気流や下降気流と言った、上下方向の空気の流れを**鉛直流**（vertical current）と言います。収束や発散は、鉛直流とも密接に関係しています。

　まず地上で発散があると、地表付近の空気が周囲に散らばってしまうことから、それを補うように上空から空気が下降してきます。そのため、発散のある場所では下降気流となります。そして上空は下降した分の空気を補うように周りから風が集まってきて収束が発生します。高気圧でよく見られるパターンです。

　反対に地上で収束があると、集まってきた空気は行き場を求めて上に向かい、上昇気流となります。そしてその空気は上空に到達すると周囲へと発散していきます。

　つまり「地上の収束」あるいは、「上空の発散」が見られる場合は、上昇気流があり、天気が悪くなる可能性があります。

図2-4-2　収束・発散と鉛直流の関係

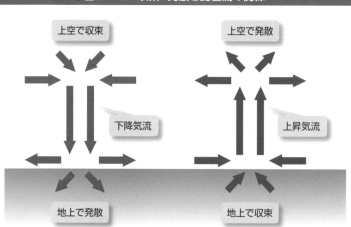

● 方向発散と速度発散

　ここまで説明してきた収束・発散は、風向で考えてきました。つまり風向きの関係で、風がぶつかるか、周囲に散らばるかを見てきたのです。このような風向に依存する収束を**方向収束**（directional convergence）、発散の場合は**方向発散**（directional divergence）と言います。そして収束・発散には、もうひとつ、風速に依存するタイプがあります。その概念を図2-4-3に示します。

図2-4-3　風速に依存する発散・収束

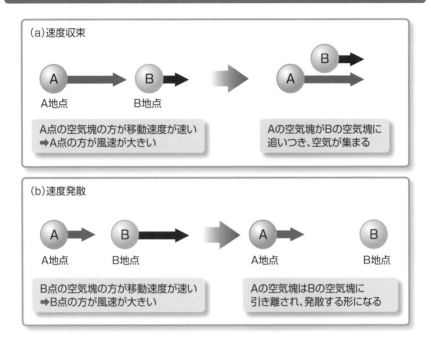

(a)速度収束

A地点　　　B地点

A点の空気塊の方が移動速度が速い
➡A点の方が風速が大きい

Aの空気塊がBの空気塊に
追いつき、空気が集まる

(b)速度発散

A地点　　B地点　　　　A地点　　　　　　B地点

B点の空気塊の方が移動速度が速い
➡B点の方が風速が大きい

Aの空気塊はBの空気塊に
引き離され、発散する形になる

　A地点と、その風下にあるB地点で、どちらも同じ方向に風が吹いていたとします。A地点の空気塊をA、B地点の空気塊をBとした時に、A地点とB地点で風速が同じであれば、空気塊A、Bは特に何事もなく移動していきます。ところがA地点とB地点の風速差が大きく、空気塊AとBの移動速度が異なる場合は収束と発散が発生します。

　まず、風上側（後方）の空気塊Aの方が速いとき、空気塊Aはやがて空気塊Bに追いつき、ぶつかるような形、つまり収束となります。これを**速度収束**（speed convergence）と言います。反対に風下側（前方）の空気塊Bの方が速いときは、後ろの空気塊Aはどんどん引き離され、散らばるような形、つまり発散となります。これは**速度発散**（speed divergence）と言います。

　そのため天気図で収束・発散の有無を確認する場合は、風向だけではなく、風速も確認する必要があります。

● 天気図上の収束・発散

天気図には、divVの数値は記入されていません。そのため、プロットされている風向風速の矢羽根をもとに、収束発散が起きているかどうかを判断します。

矢羽根の向きを見て、風と風がぶつかっていれば方向収束が、風と風が散らばるように吹いていれば方向発散があります。また、矢羽根に表示されている風速を見て、風上側の方の風速が強ければ速度収束が、風下側の方の風速が強ければ、速度発散があることになります。

図2-4-4　矢羽根で見る収束・発散

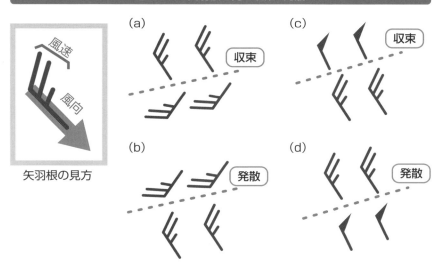

矢羽根の見方

(a) 収束

(b) 発散

(c) 収束

(d) 発散

Check! (a)は方向収束。風向によって風がぶつかって収束しているパターンです。(b)は方向発散。風向によって風が発散しているパターンです。一方、(c)(d)は、風向は同じですが、風上と風下で風速が異なります。(c)では風上側の方が風が強く、風下側に追いついて風が集まるので収束、(d)では風下側の方が風が強く、風上側から引き離され、結果として発散しています。

2-5 さまざまな物理量のキホン

予想天気図など、数値予報をもとにした天気図では、湿数や鉛直p速度、渦度、相当温位など、さまざまな物理量が登場します。ここでは、天気図を見る上で最低限知っておきたい物理量について説明をしていきます。

● 湿数（T-Td）

冷たい水の入ったコップをそのまま置いておくと、コップの外側のガラスにたくさんの水滴がつきます。コップの中の冷たい水によって、コップの周りの空気が冷やされ、空気中に含まれていた水蒸気が凝結して水滴（液体の水）となって出てくるためです。

つまり、空気が冷える（気温が下がる）と、そこに含まれていた水蒸気が凝結して、液体の水となる（露を結ぶ）のです。今ある空気を何℃まで下げると、水蒸気が凝結して露を結ぶのかを示した数値を、**露点温度**（dew point temperature；Td）と言います。

空気が乾燥していて水蒸気の量が少ないときは、めいっぱい気温を下げないと水蒸気は凝結しません（露点温度が低い）。一方で空気が湿っていて水蒸気の量が多いときは、わずかに気温を下げただけでもすぐに水蒸気が凝結し、露を結びます（露点温度が高い）。

つまり、現在の気温（T）と露点温度（Td）の差が小さいほど、空気中の水蒸気量が多い、つまり空気が湿っているということになります。これを数値であらわしたものが**湿数**（T-Td）で、以下の数式によって算出されます。

> **湿数T-Td ＝ 気温T － 露点温度Td**

湿数は空気の湿り具合の指標として天気図に使われています。数値予報天気図では、湿数が3℃未満で特に湿っている場所を**湿域**と呼んでいます。湿域は雲が出ている領域におおむね対応していると考えられます。

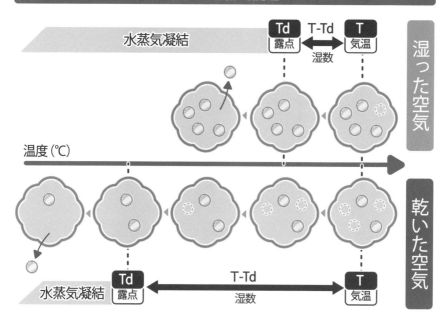

図2-5-1 湿数の概念図

● 鉛直p速度とオメガ（ω）

　地球大気は3次元なので、空気は水平方向だけではなく、上下方向にも移動します。上向きの流れが上昇気流（上昇流）、下向きの流れが下降気流（下降流）で、これらをまとめて**鉛直流（vertical current）**と言います。その速さはz座標系（高度はm）で鉛直速度、p座標系（高度はhPa）で**鉛直p速度（vertical-p-velocity）**と言います。気象学でよく使われるのは鉛直p速度のほうです。数式上では**オメガ（ω）**と言います。

　鉛直p速度の単位はhPa/Hrで、1時間あたり何hPa分上昇・下降したかを数値で表します。気圧は高度とともに低くなるため、鉛直p速度の数値は上昇気流で−（マイナス）に、下降気流で＋（プラス）になります。

図2-5-2　鉛直p速度のイメージ

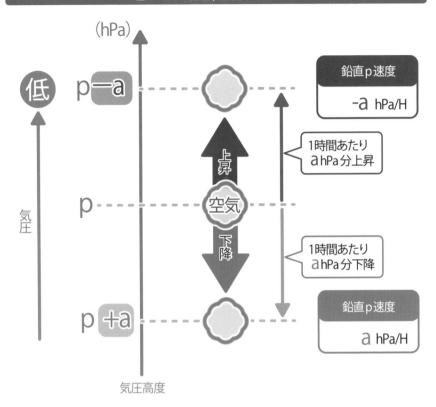

● 渦度

　地球上の風は直線に吹くことはほとんどなく、多くの場合蛇行するように流れています。そして風の曲がっている部分には回転成分があります。この回転成分の度合いを数値で表したものを**渦度**（**vorticity**）と言います。

　数式上では ζ（ズィータ）とあらわし、天気図上ではVORTEXと呼ばれています。回転成分のうち、低気圧と同じ反時計回りのものを**正渦度**（数値の符号は＋）、高気圧と同じ時計回りのものを**負渦度**（数値の符号は−）と言います。

図2-5-3　正渦度と負渦度の概念

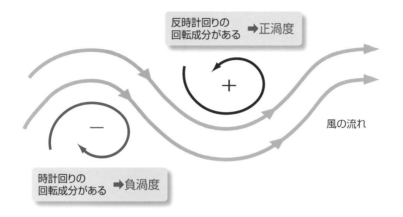

　渦度の単位はs^{-1}で、スケールは$\times 10^{-6}$のオーダーですが、天気図上の表記はふつう$\times 10^{-6}s^{-1}$の部分を省略します。例えば$-50 \times 10^{-6}s^{-1}$であれば-50の部分だけが記されます。

　また強風軸のある場所も、軸の北側に反時計回りの回転成分（正渦度）、南側に時計回りの回転成分（負渦度）があります。つまり正渦度と負渦度の境界である渦度0の線（**渦度ゼロ線**）の部分には強風軸がある可能性があります。

　ちなみに北半球では、低気圧周辺で反時計回りに風が吹くことから、正渦度の数値の大きい場所（**正渦度極大域**）や、これから正渦度の大きいところがやってくる場所（**正渦度移流域**）は、低気圧や気圧の谷に対応する場所としてしっかり注目していく必要があります。

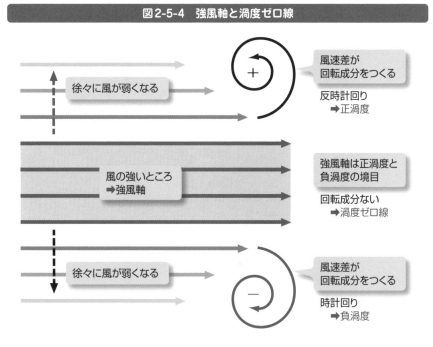

図2-5-4　強風軸と渦度ゼロ線

● 相当温位（θe）

　ここで、浮かんでいる高度が異なる2つの空気塊（＝空気のあつまり）A、Bがあるとします。空気塊Aは高度1000mにあり12℃、空気塊Bは高度2000mにあり3℃だったとします。この2つの空気のかたまりのどちらが暖かいのかを比べる場合、「浮かんでいる高度」という条件が異なるため、単純に温度だけを見て判断することはできません。条件を揃える必要があるのです。

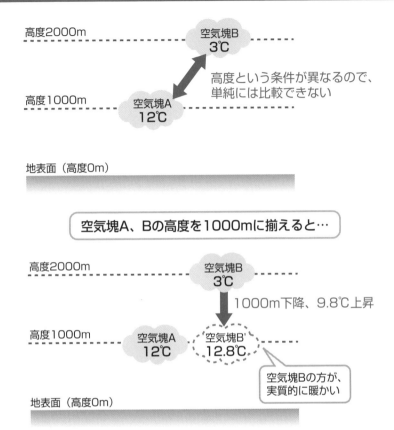

図2-5-5　空気塊A、Bの実質的な暖かさの比較

そこでA、Bを高度1000mにそろえて比較してみます。空気塊が上下方向に移動して高度が変わる場合、上昇時は1000mで9.8℃低くなり、下降時は反対に9.8℃高くなります（水蒸気の影響を考慮しない場合）。そのためBを2000mから1000mの高さまで1000m分下降させると、Bの温度は9.8℃上昇します。つまり、

空気塊B'の温度 = 3℃ + 9.8℃ = 12.8℃

となり、実質的には空気塊Bの方が暖かいということになります。

　このように、異なる高度にある空気のかたまりの「実質的な暖かさ」を比べるために、断熱的に移動させて高度という条件を揃えたものが、**温位**（potential temperature；**数式上の記号は**θ）です。実際に使われる温位の定義は、「空気塊を乾燥断熱変化で1000hPaの高度に移動させたときの温度」で、**絶対温度**（単位：K）の形で表記します。

　断熱変化は、外との熱の出入りのない状態で気体を変化させることで、ふつう空気塊を上下方向に移動させるときは、断熱変化を前提に考えます。

　そして乾燥空気（水蒸気を含まない空気）における断熱変化を**乾燥断熱変化**と言い、乾燥断熱変化で上昇させたとき、空気塊の温度がどのくらいの割合で下がっていくのかを示したのが**乾燥断熱減率**です。地球での乾燥断熱減率は約9.8℃/km、つまり乾燥した空気のかたまりを上昇させると1000mごとに9.8℃の割合で気温が下がります。

　ちなみに空気が多少の水蒸気を含んでいても、移動させる過程で水蒸気の凝結がなければ、乾燥断熱変化として扱うことができます。

　なお、絶対温度（K）と、わたしたちがふだん使っている**セルシウス温度**（℃）の間には、次のような関係があります。

絶対温度（K）≒ セルシウス温度（℃）+ 273.15

　一方で実際の空気には水蒸気が含まれています。そのため断熱変化による上昇の際、途中で水蒸気が凝結して水滴となって出てくることがあります。水蒸気は**潜熱**という熱を持っていて、凝結時この潜熱を放出して空気を暖めます。

　つまり水蒸気の凝結が起こるような場合は、放出された潜熱の分だけ気温が高くなるため、温位の考え方では数値がずれてくるのです。そこで導入するのが**相当温位**（equivalent potential temperature；**数式上の記号は**θ_e）です。相当温位は、空気塊に含まれる水蒸気をすべて凝結させたときに出る潜熱が、空気塊の温度上昇に全部使われたと仮定して、その分を温位にプラスしたものです。温位と同様に単位は絶対温度（K）で表します。

図2-5-6 相当温位の概念図

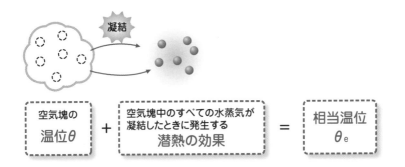

> **Check!** 水蒸気を含む空気では、断熱変化の過程で水蒸気が凝結することがあるため、潜熱の影響を無視できません。そのため、水蒸気を含む空気でも問題なく比較できるよう、温位に潜熱の影響をプラスした、相当温位という物理量が用意されています。

温位と相当温位の間には、近似的に次の関係があります。

相当温位(θ_e) = θ + 2.8ω

(数式中の記号…θ：温位 , ω：混合比)

空気中に含まれる水蒸気の量が多いほど、水蒸気の潜熱の影響が大きくなり、相当温位の数値も大きくなります。もちろん気温が高いと相当温位の数値も大きくなります。

相当温位が大きくなっているときは、暖かく湿った空気が流れ込んでいるというサインです。天気図上は330K以上で暖かく湿った空気の流れ込みがあると判断し、特に夏場339K以上となっている領域は大雨に警戒が必要です。

2-6 国際式天気記号

アジア地上解析（ASAS）などの天気図には、天気、風向風速、雲の量や種類、気温、気圧変化の傾向などを細かく記した「国際式天気記号」が使われています。ここでは国際式天気記号の記入様式全般について、その見かたと種類を紹介します。

● 地上観測の記入形式

　日本式天気記号の場合、地点円の中に「現在天気」の記号が入り、そこに風向風速を表す矢羽根を突き刺した形を基本としています。そして必要に応じて、左側に気温（℃）、右側に気圧（hPa）を記入します。

　一方の国際式天気記号は、地点円の中に現在天気ではなく全雲量（空全体に占める雲の割合を記号化したもの）の記号が入っています。また記入される情報はより細かく、複雑なものになっています。地上観測における国際式天気記号の記入様式を図2-6-1に記します。

図2-6-1 地上観測の記入様式

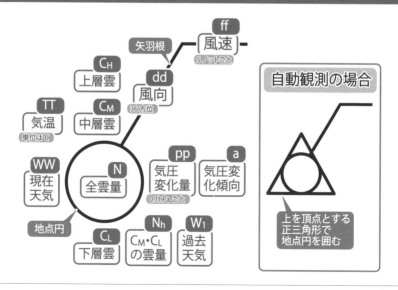

　ただしこれらがすべて揃っているとは限らず、データが欠けている部分は空欄となります。また近年は気象観測の自動化が進んでおり、国際天気記号にもそれが反映されています。自動観測による場合、北（天気図の上）を頂点とする三角形で囲まれる形で表されます。

　風向風速（ddff）は矢羽根形式で表されます。ただし日本式天気記号が風力をもとにしているのに対し、国際式天気記号は風速で、その単位はノット（kt）となっています。また風向は36方位（→図1-2-3；23ページ）です。風速値は5ノットごと（2捨3入）で、短矢羽（短い線）は5ノット、長矢羽（長い線）は10ノット、旗矢羽（三角形）は50ノットとなっています。風速2ノット以下の場合は風向を示す棒のみで矢羽根は無し、風速0.4ノット以下の**静穏**（**calm**）の場合は、地点円を丸囲します。

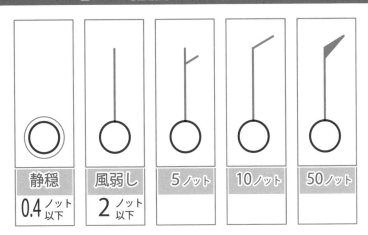

図2-6-2 地上観測における風速の表しかた

静穏	風弱し	5ノット	10ノット	50ノット
0.4ノット以下	2ノット以下			

● 全雲量

　日本式天気記号では、地点円の中に現在天気を示す記号が記入されますが、国際式天気記号は、この部分に全雲量が入ります。

　全雲量（N）は空全体（**全天**）を見渡したとき、だいたいどのくらいの割合で雲に覆われているのかを数字で表したものです。全雲量の表しかたには10分量と8分量があり、地上気象観測では10分量が使われています。10分量による全雲量の表しかたの詳細を図2-6-3に示します。

図2-6-3 全雲量（10分量）の記号一覧

雲形記号	○	◐	◔	◑	◐	◕	●	◑	●	⊗	⊖
全雲量	0	1以下	2～3	4	5	6	7～8	$9\sim10^-$	10	天空不明	観測しない
全天に対する雲の割合	なし	1割以下	2～3割	4割	半分	6割	7～8割	9～10割 隙間あり	10割 隙間なし	天気現象が原因で雲量判別できない	天気現象以外の原因で雲量判別不可。または観測しない
天気表現	快晴		晴					薄曇／曇			

　全雲量が分からない場合、従来はその理由に関係なく×を丸で囲んだ記号が使われていましたが、2013年12月26日9時（00UTC）より、「天気現象により、天空不明」と「天気現象以外で、天空不明・又は観測しない」の2つに分けられました。

　なお天気の種類のうち、快晴・晴・薄曇・曇の4つは全雲量と雲の種類によって決められます。全雲量0～1が**快晴**、2～8が**晴**、9～10のうち、上空の薄い雲（巻雲、巻積雲、巻層雲）が主体の場合を**薄曇**、それ以外の雲が主体の場合を曇とします。

● 雲の状態

　国際式天気記号には雲の種類を表す項目もあります。と言っても、観測時に見える雲の種類をすべてリストアップするわけでは無く、全体的な雲の種類の傾向を記号で表します（これを**雲の状態**と言います）。その際、対流圏上層に浮かぶ上層雲（C_H）、対流圏中層に浮かぶ中層雲（C_M）、対流圏下層に浮かぶ下層雲（C_L）の3つに分け、それぞれについて0～9の10個のコードに分類し、記号で表します。

　十種雲形との対応としては、C_Hは巻雲、巻積雲、巻層雲、C_Mは高積雲、高層雲、乱層雲、C_Lは層積雲、層雲、積雲、積乱雲をおもに対象としています。それぞれのコードと記号一覧を図2-6-4に示します。

図2-6-4 雲の状態の一覧

上層雲の状態 C_H	0		巻雲、巻積雲、巻層雲のいずれも存在しない状態
	1	⌐)	繊維状の巻雲が分散していて増加しない状態
	2	⌐))	積乱雲から生じたものではない濃い巻雲のある状態
	3	⌐⌐)	積乱雲から生じたもので、通常かなとこ状を呈している巻雲のある状態
	4	⌐∕	厚みを増しながら増加しているかぎ状又は房状の巻雲のある状態
	5	⌐2	巻雲及び巻積雲又は巻層雲のみの層であって、次第に広がってきているが、地平線上45度に達していない状態
	6	⌐2	巻雲及び巻積雲又は巻層雲のみの層であって、次第に広がってきて、まだ地平線上45度を越えている状態
	7	2⌐C	巻層雲が全天を覆っている状態
	8	⌐⌐C	巻層雲が増加せず全天を覆っていない状態
	9	2	少量の巻雲又は巻層雲を伴うこともあるが、主として巻積雲のみが存在する状態
中層雲の状態 C_M	0		高積雲、高層雲、乱層雲のいずれも存在しない状態
	1	∕	薄い高層雲がある状態
	2	∕∕	厚い高層雲又は乱層雲がある状態
	3	⌣⌣	薄い高積雲が単層をなして存在している状態
	4	⟨	レンズ型をした高積雲が散在して存在している状態
	5	⟨⟨	帯状又は薄い層状をなし、次第に天空へ広がり、通常全般的に厚さも増していく高積雲のある状態
	6	X	積雲又は積乱雲から広がってできた高積雲のある状態
	7	⟨⟨	二重の層をなした高積雲、高層雲をともなった高積雲又は部分的に高積雲の特徴を示す高層雲のある状態
	8	M	塔状を呈してつらなった高積雲又は房状の高積雲がある状態
	9	⟨	種々の高さに雲片が散在する高積雲で、通常ところどころに濃い巻雲も見られる状態
下層雲の状態 C_L	0		層積雲、層雲、積雲、積乱雲のいずれも存在しない状態
	1	⌒	発達していない扁平な積雲のある状態
	2	△	並又はそれ以上に発達した積雲のある状態
	3	△	積雲が積乱雲に変って間もない状態
	4	-○-	積雲から広がってできた層積雲がある状態

下層雲の状態 C_L	5		積雲から広がってできたものではない層積雲がある状態
	6		層雲または層雲からちぎれた雲片が存在しているか、若しくはそれらが共存している状態
	7		高層雲又は乱層雲が空を覆い、その下にちぎれ層雲又は積雲のある状態
	8		積雲及び積雲から広がってできたものではない層積雲が共存している状態
	9		雲頂が明らかに巻雲状をなし、多くは、かなとこ状を呈している積乱雲のある状態

● 現在天気の天気記号

国際式天気記号の場合、日本式天気記号とは異なり、地点円（円内は全雲量を示す記号）の左側に**現在天気**（有人観測WW／自動観測WaWa）の記号が入ります。

現在天気は観測時前１時間から観測時までの間の天気を総合的に判断して00～99の100種類のコードに分類したものです。有人観測地点と自動観測地点では、使用される記号の体系が異なります。その一覧を図2-6-5に示します。

図2-6-5 現在天気の記号一覧（1）

WW （有人観測）		WaWa （自動観測）
前1時間の雲の変化不明	00	重要な天気は観測されない
前1時間で雲が消散または発達がにぶる	01	前1時間内に雲が消散または衰弱
前1時間内で天気に変化はない	02	前1時間内で天気に変化はない
前1時間内に雲が発生、または発達	03	前1時間内に雲が発生、または発達
煙。視程10km未満	04	煙霧・煙・ちりが浮遊。視程1km以上
煙霧。視程10km未満	05	煙霧・煙・ちりが浮遊。視程1km未満
ちり煙霧。視程10km未満	06	-
風じん。船舶の場合、高い波しぶき 砂じんあらしやじん旋風は無い	07	-
前1時間以内にじん旋風あり。ただし砂じんあらしは無い	08	-
観測時に砂じんあらしあり、または、前1時間に観測所で砂じんあらしあり	09	-

図2-6-5 現在天気の記号一覧（2）

WW （有人観測）			WaWa （自動観測）	
もや。視程10km未満	=	10	=	もや
地霧・低い氷霧が散在 高さは目線以下（海上10m以下）	☰☰	11	↔	細氷
地霧・低い氷霧が連続 高さは目線以下（海上10m以下）	==	12	<	遠い電光
電光のみで雷鳴は聞こえない	<	13		-
視界内に地面に到達しない降水あり	●	14		-
視界内に降水あり。ただし観測所から5km以上離れている。	)●(	15		-
観測所から5km以内に降水。ただし観測所は降水なし	(●)	16		-
雷電。観測時に降水なし	⏄	17		-
前1時間～観測時に観測所または視界内にスコールあり	∀	18	∀	スコール
前1時間～観測時に観測所または視界内に竜巻あり	)(	19		-
霧雨、または霧雪があった。しゅう雨性ではない	,]	20	☰]	霧があった
雨があった。しゅう雨性ではない	●]	21	⌒]	降水があった
雪があった。しゅう雨性ではない	*]	22	,]	霧雨、または霧雪があった
みぞれ、または凍雨があった。しゅう雨性ではない	●*]	23	●]	雨があった
着氷性降水（雨か霧雨）があった。しゅう雨性ではない	∿]	24	*]	雪があった
しゅう雨があった	▽]	25	∿]	着氷性の降水（雨や霧雨）があった
しゅう雪、または、しゅう雨性のみぞれがあった	*▽]	26	⏄]	雷電があった 降水の有無は問わない
ひょう、氷あられ、雪あられがあった	▽]	27	S⊢	地ふぶき、または風じん
霧、または氷霧があった	☰]	28	⊩	地ふぶき、または風じん 視程1km以上
雷電があった 降水の有無は問わない	⏄]	29	⊪	地ふぶき、または風じん 視程1km未満

89

図2-6-5 現在天気の記号一覧（3）

WW（有人観測）			WaWa（自動観測）	
弱～並の砂じんあらし、視程500m以上 前1時間内にうすくなった	⟳	30	☰	霧
弱～並の砂じんあらし、視程500m以上 前1時間内での変化なし	⟳	31	⩵	霧、または氷霧が散在
弱～並の砂じんあらし、視程500m以上 前1時間内に開始、または濃くなった	⟳	32	⩵	霧、または氷霧 前1時間内にうすくなった
強の砂じんあらし、視程500m未満 前1時間内にうすくなった	⟳	33	☰	霧、または氷霧 前1時間内での変化なし
強の砂じんあらし、視程500m未満 前1時間内での変化なし	⟳	34	☰	霧、または氷霧 前1時間内に開始、または濃くなった
強の砂じんあらし、視程500m未満 前1時間内に開始、または濃くなった	⟳	35	⩛	霧、霧氷が発生中
目線より低い、弱～並の地ふぶき 視程500m以上	⤙	36		-
目線より低い、強の地ふぶき 視程500m未満	⤙	37		-
目線より高い、弱～並の地ふぶき 視程500m以上	⤙	38		-
目線より高い、強の地ふぶき 視程500m未満	⤙	39		-
観測所から離れた所に目線よりも高い 霧や氷霧。ただし観測所には無い	(☰)	40	⌢	降水
霧、または氷霧が散在	⩵	41	⌢⌢	弱～並の降水
霧、または氷霧。空を透視できる 前1時間内にうすくなった	⩵	42	⌢⌢⌢	強い降水
霧、または氷霧。空を透視できない 前1時間内にうすくなった	⩵	43	,,	弱～並の液体降水
霧、または氷霧。空を透視できる 前1時間内での変化なし	⩵	44	,,,	強い液体降水
霧、または氷霧。空を透視できない 前1時間内での変化なし	☰	45	××	弱～並の固体降水
霧、または氷霧。空を透視できる 前1時間内に開始、または濃くなった	☰	46	××	強い固体降水
霧、または氷霧。空を透視できない 前1時間内に開始、または濃くなった	☰	47	⌒	着氷性の降水。弱～並
霧、または氷霧が発生中 空を透視できる	⩛	48	⌒⌒	着氷性の降水。強
霧、または氷霧が発生中 空を透視できない	⩛	49		-

図2-6-5 現在天気の記号一覧（4）

WW（有人観測）			WaWa（自動観測）	
弱い霧雨。前1時間内に止み間あり	🌂	50	9	霧雨
弱い霧雨。前1時間内に止み間なし		51		弱い霧雨
並の霧雨。前1時間内に止み間あり		52		並の霧雨
並の霧雨。前1時間内に止み間なし		53		強い霧雨
強い霧雨。前1時間内に止み間あり		54		着氷性の霧雨。弱
強い霧雨。前1時間内に止み間なし		55		着氷性の霧雨。並
着氷性の霧雨。弱		56		着氷性の霧雨。強
着氷性の霧雨。並～強		57		霧雨と雨。弱
霧雨と雨。弱		58		霧雨と雨。並～強
霧雨と雨。並～強		59		-
弱い雨。前1時間内に止み間あり	●	60	○	雨
弱い雨。前1時間内に止み間なし	●●	61	●●	弱い雨
並の雨。前1時間内に止み間あり		62		並の雨
並の雨。前1時間内に止み間なし		63		強い雨
強い雨。前1時間内に止み間あり		64		着氷性の雨。弱
強い雨。前1時間内に止み間なし		65		着氷性の雨。並
着氷性の雨。弱		66		着氷性の雨。強
着氷性の雨。並～強		67		みぞれ、または霧雨と雪。弱
みぞれ、または霧雨と雪。弱		68		みぞれ、または霧雨と雪。並～強
みぞれ、または霧雨と雪。並～強		69		-

図2-6-5 現在天気の記号一覧（5）

	WW	有人観測		WaWa	自動観測
弱い雪。前1時間内に止み間あり	✳	70		⬧	雪
弱い雪。前1時間内に止み間なし	✳✳	71		✳✳	弱い雪
並の雪。前1時間内に止み間あり	✳✳	72		✳✳✳	並の雪
並の雪。前1時間内に止み間なし	✳✳✳	73		✳✳✳	強い雪
強い雪。前1時間内に止み間あり	✳✳✳	74		⟁⊙	弱い凍雨
強い雪。前1時間内に止み間なし	✳✳✳✳	75		⟁⟁	並の凍雨
細氷。霧があってもよい	↔	76		⟁⟁⟁	強い凍雨
霧雪。霧があってもよい	⊸△⊸	77		⊸△	霧雪
単独結晶の雪 霧があってもよい	⊸✳⊸	78		⊸✳	氷晶
凍雨	⟁⊙	79			-
弱いしゅう雨	●▽	80		▽	しゅう雨性の降水。または、前1時間内に止み間があった降水
並～強のしゅう雨	●▽	81		●▽	弱いしゅう雨。または、前1時間内に止み間があった弱い雨
激しいしゅう雨	⦂▽	82		●▽	並のしゅう雨。または、前1時間内に止み間があった並の雨
しゅう雨性のみぞれ。弱	⦂✳▽	83		⦂⦂▽	強いしゅう雨。または、前1時間内に止み間があった強い雨
しゅう雨性のみぞれ。並～強	⦂✳▽	84		⦂▽	激しいしゅう雨。または、前1時間内に止み間があった激しい雨
弱いしゅう雪	✳▽	85		✳▽	弱いしゅう雪。または、前1時間内に止み間があった弱い雪
並～強のしゅう雪	✳▽	86		✳▽	並のしゅう雪。または、前1時間内に止み間があった並の雪
雪あられ、または氷あられ。弱 雨やみぞれを伴ってもよい	△▽	87		✳✳	強いしゅう雪。または、前1時間内に止み間があった強い雪
雪あられ、または氷あられ。並～強 雨やみぞれを伴ってもよい	△▽	88			-
弱いひょう。雷鳴なし。 雨やみぞれを伴ってもよい	△▽	89		▲	ひょう

図2-6-5 現在天気の記号一覧（6）

WW （有人観測）			WaWa （自動観測）		
並〜強いひょう。雷鳴なし。雨やみぞれを伴ってもよい	▽	80	↰		雷電
弱い雨、観測時雷電なし。前1時間内に雷電あり	↰•	91	↰•		弱〜並の雷電。降水は無い
並〜強い雨、観測時雷電なし。前1時間内に雷電あり	↰:	92	↰	•/*	弱〜並の雷電で、しゅう雨、またはしゅう雪を伴う
弱い雪、みぞれ、雪あられ、氷あられ、ひょう 観測時雷電なし。前1時間内に雷電あり	↰*△	93	↰	△	弱〜並の雷電で、ひょうを伴う
並〜強の雪、みぞれ、雪あられ、氷あられ、ひょう 観測時雷電なし。前1時間内に雷電あり	↰*△	94	↑↰		強い雷電。降水は無い
弱〜並の雷電で、雨や雪、みぞれを伴う 観測時にひょう、氷あられ、雪あられは伴わない	•/*↰	95	↰	•/*	強い雷電で、しゅう雨、またはしゅう雪を伴う
弱〜並の雷電で 観測時にひょう、氷あられ、雪あられを伴う	△↰	96	↰	△	強い雷電で、ひょうを伴う
強い雷電で、雨や雪、みぞれを伴う 観測時にひょう、氷あられ、雪あられは伴わない	•/*↰	97			-
雷電。観測時に砂じんあらしを伴う	S↰	98			-
強い雷電で 観測時にひょう、氷あられ、雪あられを伴う	△↰	99	⋈		竜巻

2 天気図に登場する要素や数値のはなし

　コード番号00〜03は天気図に記入されません。また00〜49は観測地点で降水が無い場合に、50〜99は降水がある場合に使われます。なお、これらの記号をすべて暗唱する必要はありませんが、図2-6-6に示す要点については頭に入れておくと良いでしょう。

● 過去天気の天気記号

　国際式天気記号は、現在天気だけではなく、**過去天気**（有人観測W1／自動観測Wa1）についても記号がつけられることがあります。過去天気は日本標準時の3時、9時、15時、21時は観測時刻の前6時間について、6時、12時、18時、24時には観測時刻の前3時間について、期間中起こった現象をもとに判断されます。0〜9の10種類のコードに分類され、現在天気同様に、有人観測地点と自動観測地点とでは内容が異なります。その一覧を図2-6-7に示します。

図2-6-6 現在天気記号の要点

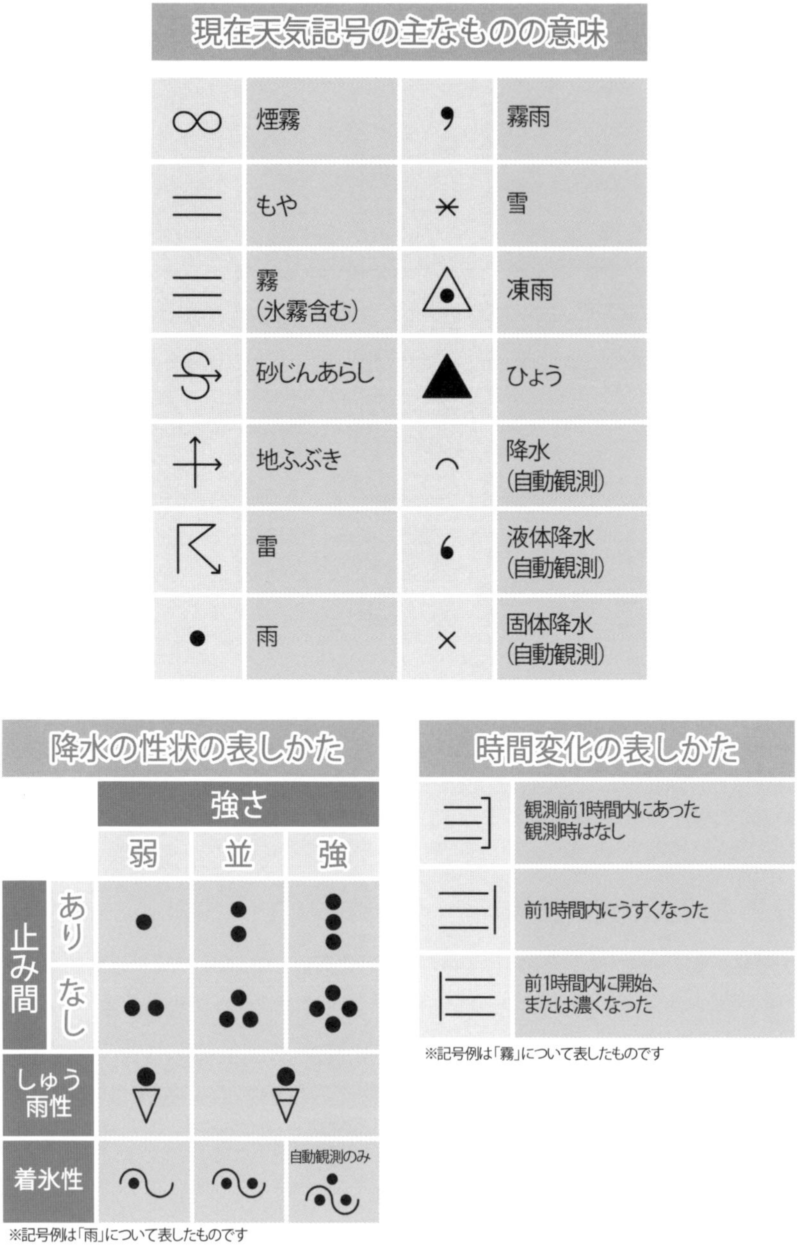

現在天気記号の主なものの意味

記号	意味	記号	意味
∞	煙霧	،	霧雨
=	もや	＊	雪
≡	霧（氷霧含む）	△(⦿)	凍雨
↝	砂じんあらし	▲	ひょう
十	地ふぶき	⌢	降水（自動観測）
⏝	雷	،	液体降水（自動観測）
●	雨	×	固体降水（自動観測）

降水の性状の表しかた

止み間		強さ弱	並	強
	あり	●	●●	●●●
	なし	●●	●●●	●●●●
しゅう雨性		▽上●		▽上●
着氷性		⌒•	•⌒•	•⌒•（自動観測のみ）

※記号例は「雨」について表したものです

時間変化の表しかた

記号	意味
≡	観測前1時間内にあった観測時はなし
≡∣	前1時間内にうすくなった
∣≡	前1時間内に開始、または濃くなった

※記号例は「霧」について表したものです

図2-6-7 過去天気の記号一覧

Wa（有人観測）				Wa1（自動観測）
全期間雲量5以下		0		重要な天気は観測されなかった
期間中雲量5以下、雲量6以上のときあり		1	|||	視程不良
全期間雲量6以上		2	S→	風の現象で視程が悪い
砂じんあらしや高い地ふぶきで視程1km未満	S/+	3	≡	霧
霧、氷霧、または、視程2km未満の煙霧	≡	4	∩	降水
霧雨	,	5	,	霧雨
雨	●	6	●	雨
雪かみぞれ	✳	7	✳/△	雪か凍雨
しゅう雨の降水	▽	8	▽	しゅう雨の降水または前1時間で止み間あり
雷電。降水の有無は問わない	⟨	9	⟨	雷電

気圧変化傾向

　地点円の右側には、気圧変化量と気圧変化傾向が記入されます。**気圧変化量**（pp）は観測時刻の気圧が3時間前と比べて何hPa増減したかを示したもので、数値は0.1hPa単位になっています。気圧が上昇した場合は＋、下降した場合は－です。例えば気圧変化量が－08の場合は「3時間前と比べて0.8hPa下降した」という意味になります。

　そして、その間気圧がどのように変動したか、その変化の傾向を記号で表したのが**気圧変化傾向**（a）です。気圧変化傾向の記号は、気圧をグラフにした時の形がもとになっており、右肩上がりの線はだいたい上昇、右肩下がりの線はだいたい下降、横線はだいたい一定を表します（記号によって意味が多少異なるものもあります）。

　気圧変化傾向の記号は、以下図2-6-8をご覧下さい。

図2-6-8 気圧変化傾向の記号一覧

		現在気圧は 3時間前と比べて	高い	同じ	低い
0	 ∧	上昇→下降	●	●	
1	 /	上昇→一定 上昇→ゆるやかな上昇	●		
2	 /	上昇	●		
3	 ✓	下降→上昇 一定→上昇 上昇→急上昇	●		
4	 ─	一定 (変化なし)		●	
5	 ＼	下降→上昇		●	●
6	 ＼	下降→一定 下降→ゆるやかな下降			●
7	 ＼	下降			●
8	 ∧	上昇→下降 一定→下降 下降→急下降			●

第3章

実況天気図の種類と読み方

　気象観測によって得られたさまざまなデータをもとにして作成された、実際の大気の状態を示す天気図を総称して「実況天気図」といいます。実況天気図の代表ともいえるのはおなじみの地上天気図ですが、ほかにも上空の様子が高度ごとにわかる高層天気図、大気の断面を取った高層断面図、数値予報用に作成された初期値を画像化したものなどがあります。ここではおもな実況天気図の種類と、それぞれの読み方や特徴について説明します。

速報天気図（SPAS）

速報天気図は気象庁から3時間おき（ただし0時は無し）に発表される国内向けの地上天気図です。日本語表記で分かりやすく、速報性・視認性に優れていることから、もっとも身近な天気図として広く活用されています。

天気図基礎情報

名　称	速報天気図
対象高度	地上
観測日時	毎日　0時 1時 2時 **3時** 4時 5時 **6時** 7時 8時 **9時** 10時 11時　**12時** 13時 14時 **15時** 16時 17時 **18時** 19時 20時 **21時** 22時 23時
書いてある情報	・等圧線の分布 ・高気圧、低気圧、台風、熱帯低気圧（位置、中心気圧、進行方向・速度） ・前線の位置、種類
天気図から読み取ること	・高気圧、低気圧、前線などの動向／気圧配置の傾向 ・おおまかな風の流れ、強さ
備　考	・速報値なので後日修正の可能性あり。 ・観測時刻の約2時間10分後に発表。 ・気象庁ホームページでカラー版の配信あり。

天気図の概要

速報天気図は地上天気図のひとつで、もっとも目にする機会の多い天気図のひとつです。天気図略号は**SPAS**です。気象庁のホームページのほか、民間気象会社各社のホームページなどでもそれぞれに脚色された天気図を見ることができます。

3時間おきに1日7回（3時、6時、9時、12時、15時、18時、21時）作成されています（ただし0時は無し）。速報性・視認性に優れており、おおまかな気圧配置をほぼリアルタイムで確認することができます。また発表間隔が短いため、過去の天気図をパラパラ動画のようにして見ることで、高気圧や低気圧、前線などの動き、気圧配置の変化の様子を直感で把握することができます。ただし速報値なので、後日修正される場合があります。

速報天気図（2021年9月30日9時）

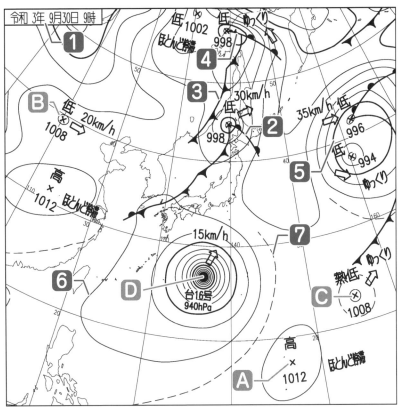

気象庁の天気図に著者加筆

- 1 令和3年9月30日9時
- 2 温暖前線　　3 寒冷前線　　　　　　　　4 閉塞前線
- 5 1000hPa等圧線（太実線：20hPaごと）
- 6 1008hPa等圧線（細実線：4hPaごと）
- 7 1010hPa等圧線（破線：2hPaごと）

A	高気圧	
中心気圧		
1012hPa	ほとんど停滞	

B	温帯低気圧	
中心気圧	進行方向	進行速度
1008hPa	東	20km/h

C	熱帯低気圧	
中心気圧	進行方向	進行速度
1008hPa	北東	ゆっくり

D	台風16号	
中心気圧	進行方向	進行速度
940hPa	北北東	15km/h

地上気象観測値や船舶・航空向けの情報など、さらに解像度の高い情報を確認したい場合などは、アジア地上解析（ASAS：→3-2）も合わせて確認すると良いでしょう。

● 天気図の見かた

速報天気図の記号凡例は図1-3-2（30ページ）にまとめてあります。

日本周辺域を対象とした速報天気図は、国内向けの要素が強いため天気図内の表記は日本語で、時刻も日本標準時（JST）となっています。

等圧線は1000hPaを基準にして、4hPaごとに細実線、20hPaごとに太実線が引かれています。必要に応じて、2hPaごとの細破線が引かれることがあります。ただし発達した台風の中心付近は4hPaごとに線を引くとごちゃごちゃしてしまうので、特例で10hPaごとになっています。

風はおおむね等圧線に沿って吹きます。北半球では高気圧側を右に、低気圧側を左に見るような向きになります。また等圧線の間隔が狭い場所では風が強く、開いている場所では風が弱くなる傾向があります（→詳しくは1-3：32ページ）。

「高」は高気圧、「低」は低気圧（温帯低気圧）です。また、「熱低」は熱帯低気圧、「台XX号」は台風XX号を示します。これらの中心位置は×で記されており、その周りに、中心気圧、進行方向、進行速度が書かれています。

進行方向は白抜き矢印で、進行速度は、○○km/hで表示されます。/hは「1時間あたり」という意味で、例えば30km/hは、1時間あたり30km、つまり時速30kmで進んでいるということになります。進行速度が9km/h（5ノット）以下のときは、移動方向がはっきりしていれば「**ゆっくり**」、はっきりしなければ「**ほぼ停滞**」と表示されます。

アジア地上解析（ASAS）

地上の実況天気図には、速報天気図とアジア地上解析の2つがあります。国内利用を想定した速報天気図に対し、国内外のさまざまな用途に使われるのがアジア地上解析。そのため掲載範囲はより広域で、情報量もかなり充実しています。

天気図基礎情報

名　称	アジア地上解析
対象高度	地上
観測日時	毎日　0時 1時 2時 **3時** 4時 5時 6時 7時 8時 **9時** 10時 11時 12時 13時 14時 **15時** 16時 17時 18時 19時 20時 **21時** 22時 23時
書いてある情報	・等圧線の分布／高気圧、低気圧、熱帯低気圧（位置、中心気圧、進行方向・速度） ・台風情報、予報円　・前線の位置、種類　・全般海上警報 ・地上気象観測値（全雲量、雲形、現在天気、気温、気圧、風向風速など）
天気図から読み取ること	・気圧配置の傾向／地上の高気圧、低気圧、前線などの動向 ・地上気象観測値（地上風の分布、天気や雲形の分布など） ・全般海上警報の発表状況
備　考	・情報量が多く字が細かいので拡大して見ると良い。 ・観測時刻の約2時間30分後に発表。 ・気象庁ホームページでカラー版の配信あり。

● 天気図の概要

　速報性・視認性に特化した速報天気図（SPAS）に対し、精度や情報量を重視したのがこの**アジア地上解析（ASAS）**です。予報官が詳細な解析を行って作成した図で、地上気象観測値などさまざまな情報が記入されています。

　アジア大陸から北西太平洋域にかけての広い範囲をカバーしていて、国内外問わず、気象業務はもちろん、船舶・航空などさまざまな用途に使われています。そのため時刻は協定世界時（UTC）表記となっており、天気図中の付加文などはすべて英語です。また地上気象観測値も、国際基準の様式で記入されています。

アジア地上解析図（2017年8月30日15時）

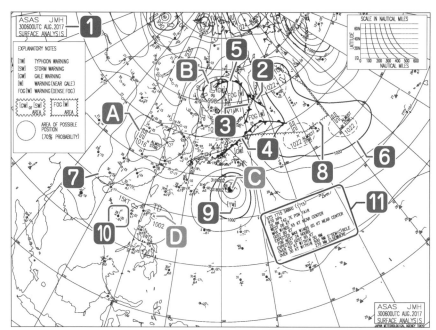

気象庁提供の天気図に著者加筆

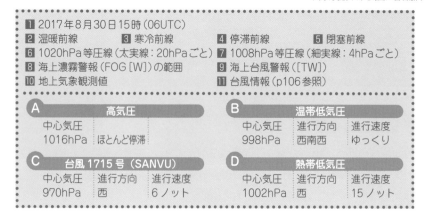

発表回数は1日4回。3時、9時、15時、21時の観測データを用いて、その約2時間30分後に発表されます。また船舶等向けに、**気象無線模写通報（JMH）**による放送も行われています。

本天気図もやはり「速報的な解析」であるため、後日、解析時刻後のデータも含めて再解析が行われ、確定値としての天気図（**気象庁天気図**）が作成されています。研究などの目的で使う場合は、正確性の担保などの観点から、気象庁天気図を用いるのが望ましいと言えます。

図3-2-1　気象庁天気図

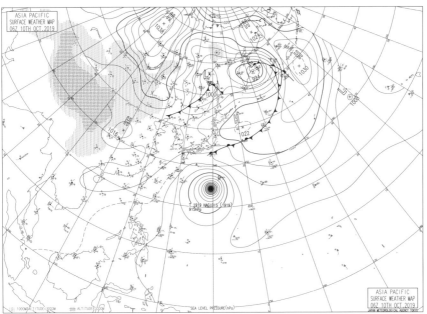

天気図は気象庁提供

🌐 天気図の見かた

　地上天気図なので等圧線が引かれています。1000hPaを基準として4hPaごとに細実線、20hPaごとに太実線、また必要に応じて2hPaごとに破線が描かれます。

　高気圧はH、低気圧（温帯低気圧）はLで、いずれも白抜き文字となっています。中心位置に×印が記され、その近くに進行方向（白抜き矢印）と、進行速度が書かれています。進行速度の単位はノット（KT）です。進行速度5ノット以下で、進行方向が定まっているときは**SLW**、定まっていないときは**ALMOST STNR**と表記されます。詳しくは、図1-3-2をご参照ください。

　熱帯低気圧は中心付近の最大風速に応じて、**TD**＊（34ノット未満）、**TS**＊（34ノット以上48ノット未満）、**STS**＊（48ノット以上64ノット未満）、**T**＊（64ノット以上）の4つの段階に分けられています。

　ふつう日本ではTDを熱帯低気圧、TS、STS、Tをまとめて台風としており、速報天気図もそれに倣っています。

　なお台風や発達した低気圧があり、船舶の航行などに大きな影響があると考えられる場合は、それについての詳細文が英語で記入されています（→106ページ）。

　前線の凡例は速報天気図と同じで、温暖前線、寒冷前線、停滞前線、閉塞前線の4種類が描かれます。かつては、発生しつつある前線、解消しつつある前線という記号もありましたが、最近は使われていません。

　地上気象観測値は、国際式の記入様式に則って細かく記入されています（→2-6：84ページ）。また船舶向けの情報として海上警報も記入されています（→107ページ）。

図3-2-2　解消しつつある前線の記号使用例

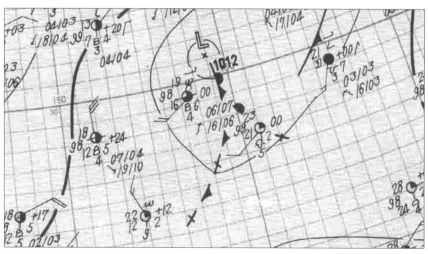

気象庁提供の天気図を一部拡大

Check! 1971年3月26日9時の地上天気図。**解消しつつある前線**の記号がある。

台風や発達した低気圧について

　台風 (熱帯低気圧) や、発達した低気圧 (海上暴風警報の対象となるもの) がある場合、12時間後、24時間後の**予報円** (破線の円) が表示されます。この予報円の見かたは台風の進路予想図と同じで、予想された時間に円内のどこかに中心が70%の確率で進むという意味です。予報円は、通常は12時間後、24時間後が表示されますが、進路がゆっくりで予報円が重なって見づらくなる場合などは、12時間後を省略することもあります。また、ほぼ停滞 (ALMOST STNR) の場合、予報円は完全に省略されます。

　それから今後新たに海上暴風警報や海上強風警報の対象となるような低気圧が発生されると見込まれるときは、24時間後に予想される低気圧の中心位置が予報円 (破線の円) の形で表示されます。この場合、予報円の近くに新たに予想されるという意味のNew (EXPECTED) という記号が付されます。合わせて24時間後における低気圧の進行方向・速度、それから海上警報の種別も表示されます。

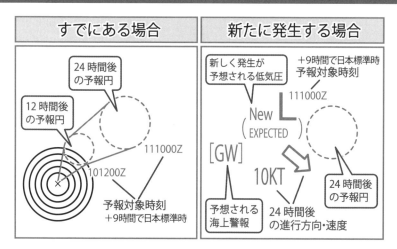

図3-2-3　ASASに表示される予報円

＊TD　Tropical depressionの略。
＊TS　Tropical stormの略。

＊STS　Severe tropical stormの略。
＊T　Typhoonの略。

図3-2-4　台風や発達した低気圧の情報文と英略語の例

<u>STS</u> <u>1715</u> <u>SANVU</u> (1715) 区分 台風番号 台風の名前 <u>970hPa</u> 中心気圧 <u>26.8N</u> <u>142.7E</u> <u>PSN FAIR</u> 位置（北緯）位置（東経） 解析精度 <u>WEST</u> <u>06 KT</u> 進行方向 進行速度 <u>MAX WINDS</u> <u>55 KT</u> <u>NEAR CENTER</u> 最大風速　　　　　　中心付近の <u>GUST</u> <u>80 KT</u> 　最大瞬間風速 <u>EXPECTED</u> <u>MAX WINDS</u> <u>65 KT</u> <u>NEAR CENTER</u> 　予想される　　　最大風速　　　　中心付近の 　<u>FOR</u> <u>NEXT</u> <u>24 HOURS</u> 　　　　　24時間後 <u>EXPECTED</u> <u>GUST</u> <u>95 KT</u> 　予想される　　最大瞬間風速 <u>OVER 50 KT</u> <u>WITHIN</u> <u>50 NM</u> 50KT以上の風　　　以内 <u>OVER 30 KT</u> <u>WITHIN</u> <u>500 NM</u> <u>S-SEMICIRCLE</u> 30KT以上の風　　　以内　　　　　　　　南半円 　　　　　　　　<u>270 NM</u> <u>ELSEWHERE</u> 　　　　　　　　　　　　　それ以外	STS　台風1715号（名前：SANVU） 中心気圧970hPa 北緯26.8度 東経142.7度（正確） 西へ6ノットで移動 中心付近の最大風速55ノット 最大瞬間風速80ノット 24時間後に予想される 　中心付近の最大風速65ノット 　最大瞬間風速95ノット 中心から50海里以内で50ノット以上の風。 中心から南半円500海里以内、それ以外は 270海里以内で360ノット以上の風

情報文（英略語）は気象庁提供

低気圧の区分

熱帯低気圧	TD	熱帯低気圧（最大風速34KT未満）
	TS	台風（最大風速34KT以上48KT未満）
	STS	台風（最大風速48KT以上64KT未満）
	T	台風（最大風速64KT以上）
DEVELOPING LOW		発達した低気圧（温帯低気圧）

単位

NM	海里	1海里≒1.9km
KT	ノット	1ノット≒1.9km/h

移動速度

SLW	ゆっくり
ALMOST STNR	ほとんど停滞
UKN	不明

その他

MAX WINDS	最大風速		
GUST	最大瞬間風速	WITHIN	〜以内
NEAR CENTER	中心付近	EXPECTED	予想される

　さらにこれらの台風や発達した低気圧には、より詳しい情報文が英略語形式で付加されています。一般向けではないので解読はやや難解ですが、図3-2-4に解読例と簡単な用語の説明を示します（情報文はp102の天気図のもの）。情報文中の単位は、KT（ノット）とNM（海里）が混在しているので、間違えないように気をつける必要があります。

● 海上警報

　海上警報（marine warning）は気象庁から発表される船舶向けの情報で、運航に影響のある危険な現象への呼びかけを行うものです。ASASにはその略号が記されています。その原因となる台風や低気圧の近くに表示されることもありますが、広域にわたる場合は、その範囲が波線などで囲まれます。以前はありませんでしたが、近年は左上にこれらの凡例が表示されるようになりました。

図3-2-5　ASASにおける海上警報の種類と凡例

範囲を
指定する場合

[TW]	海上台風警報 TYPHOON WARNING	最大風速64KT以上 （台風によるもの）	
[SW]	海上暴風警報 STORM WARNING	最大風速 48KT以上	〰〰〰
[GW]	海上強風警報 GALE WARNING	最大風速 34KT以上48KT未満	
[W]	海上風警報 WARNING (NEAR GALE)	最大風速 28KT以上34KT未満	
FOG[W]	海上濃霧警報 WARNING (DENSE FOG)	濃霧により 視程0.3海里以下	〰〰〰

アジア850hPa/700hPa 解析（AUPQ78）

AUPQ78は対流圏中・下層の状態を知るための高層天気図です。850hPa天気図（1500m付近の大気の状態を示したもの）と、700hPa天気図（3000m付近の大気の状態を示したもの）が組み合わされて1枚として配信されています。

天気図基礎情報

名　称	アジア850hPa天気図	アジア700hPa天気図
対象高度	850hPa（1,500m付近）	700hPa（3,000m付近）
観測日時	毎日 0時 1時 2時 3時 4時 5時 6時 7時 8時 **9時** 10時 11時 12時 13時 14時 15時 16時 17時 18時 19時 20時 **21時** 22時 23時	毎日 0時 1時 2時 3時 4時 5時 6時 7時 8時 **9時** 10時 11時 12時 13時 14時 15時 16時 17時 18時 19時 20時 **21時** 22時 23時
書いてある情報	・高層観測値 　（風向風速・温度・湿数） ・等高度線／高気圧、低気圧の中心 ・等温線／寒気・暖気の中心 ・湿域（湿数＜3℃の領域）	・高層観測値 　（風向風速・温度・湿数） ・等高度線／高気圧、低気圧の中心 ・等温線／寒気・暖気の中心 ・湿域（湿数＜3℃の領域）
天気図から読み取ること	・主要な高気圧、低気圧の位置 ・トラフ、リッジの状況 ・寒気や暖気の動向、前線の位置 ・地上気温（最高・最低）の目安 ・湿域（曇りや雨の場所）の広がり ・（冬季）雨雪判別の目安	・主要な高気圧、低気圧の位置 ・トラフ、リッジの状況 ・寒気や暖気の動向、前線の位置 ・湿域（曇りや雨の場所）の広がり
備　考	・AUPQ78は上下2段組で配信。 850hPa天気図は下段の図	・AUPQ78は上下2段組で配信。 700hPa天気図は上段の図

🔵 天気図の概要

　上空の大気の状態を知るための天気図（高層天気図）のひとつで、**アジア850hPa天気図**（下段）と、**アジア700hPa天気図**（上段）の2つが1枚となって配信されています。天気図略号のAUPQ78のAはanalysis（実況解析）、Uはupper（高層）、PQはWestern North Pacific（北西太平洋）、78は700hPaと850hPaです。

アジア850hPa天気図（2022年1月6日21時）

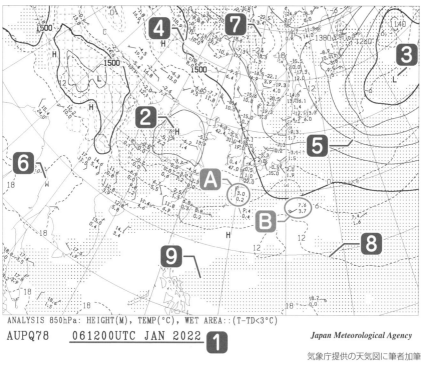

```
ANALYSIS 850hPa: HEIGHT(M), TEMP(℃), WET AREA::(T-TD<3℃)
AUPQ78    061200UTC JAN 2022  1
```

Japan Meteorological Agency

気象庁提供の天気図に筆者加筆

3

実況天気図の種類と読み方

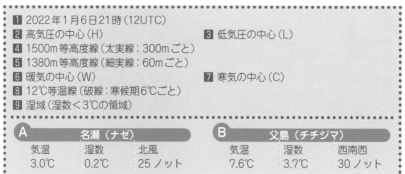

- **1** 2022年1月6日21時（12UTC）
- **2** 高気圧の中心（H）
- **3** 低気圧の中心（L）
- **4** 1500m等高度線（太実線：300mごと）
- **5** 1380m等高度線（細実線：60mごと）
- **6** 暖気の中心（W）
- **7** 寒気の中心（C）
- **8** 12℃等温線（破線：寒候期6℃ごと）
- **9** 湿域（湿数＜3℃の領域）

A 名瀬（ナゼ）			**B** 父島（チチジマ）		
気温	湿数	北風	気温	湿数	西南西
3.0℃	0.2℃	25ノット	7.6℃	3.7℃	30ノット

　高層気象観測によって得られた実際の観測データをもとに、コンピューターの客観解析を経て作成されたもので、アジア850hPa天気図は850hPa面（高度1500m付近）の状態、アジア700hPa天気図は700hPa面（高度3000m付近）の状態を、それぞれ

アジア700hPa天気図（2022年1月6日21時）

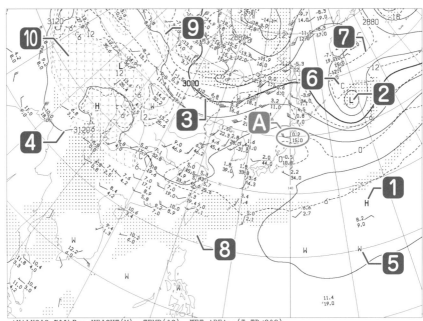

ANALYSIS 700hPa: HEIGHT(M), TEMP(℃), WET AREA::(T-TD<3℃)

気象庁提供の天気図に筆者加筆

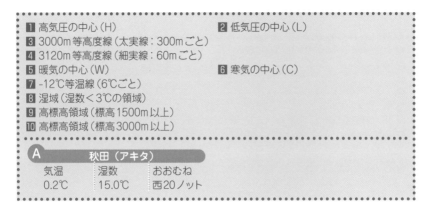

1 高気圧の中心（H）　　　　　　　　　2 低気圧の中心（L）
3 3000m等高度線（太実線：300mごと）
4 3120m等高度線（細実線：60mごと）
5 暖気の中心（W）　　　　　　　　　　6 寒気の中心（C）
7 -12℃等温線（6℃ごと）
8 湿域（湿数＜3℃の領域）
9 高標高領域（標高1500m以上）
10 高標高領域（標高3000m以上）

A	秋田（アキタ）		
気温	湿数	おおむね	
0.2℃	15.0℃	西20ノット	

表しています。

　アジア850hPa天気図が対象とする高度は、地表からの熱の影響を受けにくいため、地上と異なり気温の日変化がありません。そのため対流圏下層における暖気と寒気の動

きを見るのに適していて、前線の大まかな位置を把握するのに適しています。その際は極東850hPa気温・風、700hPa上昇流、極東500hPa高度・渦度解析図（AXFE578：→3-7：132ページ）などの天気図も補助的に活用するとよいでしょう。

また850hPaの気温分布は冬季の雨雪判別にも使われます。−6℃以下で雪、−3℃以下で雪の可能性が高くなります。

アジア700hPa天気図は高度3000m付近の大気の状態を示したものです。**湿域**（空気が湿っている場所：→2-5；76ページ）が網掛けとなっていて、これは雲のある場所におおむね対応しています。アジア700hPa天気図の対象高度は比較的雲ができにくいため、この天気図で湿域になっている場所は、天気の変化に大きな影響を与えるような雲が広がっている可能性が高いものです。そのため低気圧などに伴う雲の広がりのおおまかな状況を把握するのに適しています。

天気図の見かた

アジア850hPa天気図とアジア700hPa天気図は、対象としている高度が異なるだけで見かたはほぼ同じです。いずれも高層気象観測点における観測値、等高度線、等温線、そして湿域が描かれています。

高層気象観測値は、風向風速をあらわす矢羽根と、2つの数字で構成されています。数字は上段が気温（℃）、下段が湿数（℃）をあらわしています。湿数は気温から露点温度を引いたもの（気温−露点温度）で、空気の湿り具合を示す指標となります。

図3-3-1　高層気象観測値の読みかた

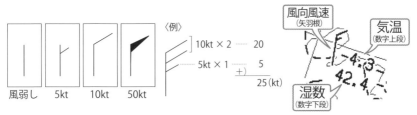

気象庁提供の天気図の一部を拡大

等高度線は、60mごとに細実線、300mごとに太実線となっています。基準となる高度はアジア850hPa天気図が1500m、アジア700hPa天気図が3000mで、いずれも太実線で描かれています。そして等高度線の数値が大きいところには高気圧が、数値

が小さいところには低気圧があります。周囲より気圧が高い部分（高気圧・高圧部）にはH、周囲よりも気圧が低い部分（低気圧・低圧部）にはLのスタンプが押されています。

　等温線はアジア850hPa天気図とアジア700hPa天気図で若干異なります。どちらも0℃を基準とし破線で描かれていますが、アジア850hPa天気図は3℃ごと（12～翌3月の寒候期は6℃ごと）なのに対し、アジア700hPa天気図は通年6℃ごとです。どちらの天気図も周囲より気温の高い部分にはW（warmのW）、気温の低い部分にはC（coldのC）のスタンプが押されています。ちなみにL（低気圧）とC（寒気）が近い位置でスタンプされているところは、**寒冷低気圧**（上空に寒気を伴った低気圧）があります。これがあると大気の状態が不安定となり、積乱雲が発達しやすくなります。

図3-3-2　寒冷低気圧の例

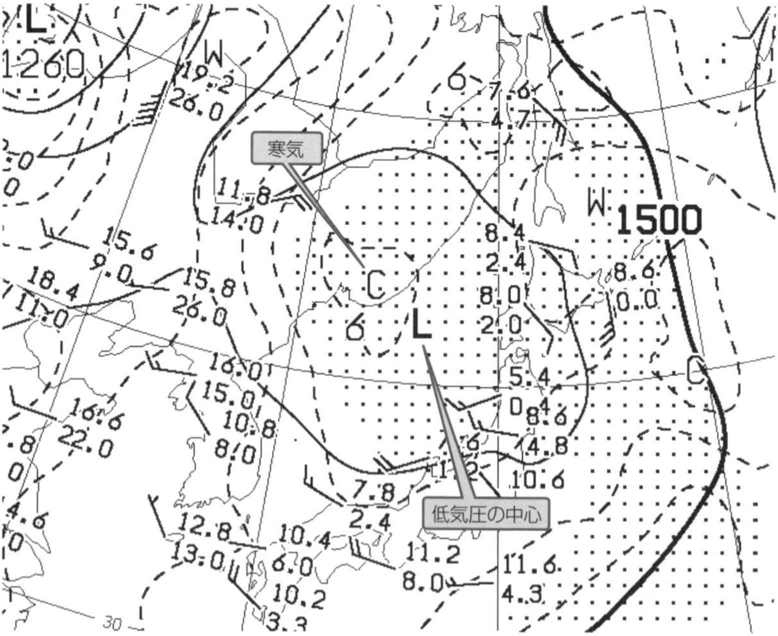

気象庁提供の天気図を一部拡大、筆者加筆

　湿域（湿数＜3℃で空気の湿っている場所）には網掛けが施されています。特にアジア700hPa天気図の湿域は対流圏中・下層の雲の広がりと対応していることが多いため、気象衛星画像や気象レーダーなども見ながら、大まかな雲の分布を把握します。

3-4 アジア500hPa/300hPa解析（AUPQ35）

AUPQ35は対流圏中・上層の状態を知るための高層天気図です。500hPa天気図（5,700m付近の大気の状態を示したもの）と、300hPa天気図（9,600m付近の大気の状態を示したもの）が組み合わされて1枚として配信されています。

天気図基礎情報

名　称	アジア500hPa天気図	アジア300hPa天気図
対象高度	500hPa（5,700m付近）	300hPa（9,600m付近）
観測日時	毎日　9時／21時（UTC表）	毎日　9時／21時（UTC表）
書いてある情報	・高層観測値（風向風速・温度・湿数） ・等高度線／高気圧、低気圧の中心 ・等温線／寒気・暖気の中心	・高層観測値（風向風速・温度） ・等高度線／高気圧、低気圧の中心 ・気温分布／寒気・暖気の中心 ・等風速線
天気図から読み取ること	・主要なトラフ、リッジの状況 ・偏西風の動向 ・上空の寒気の動向 　（夏季）雷雨や大雨の可能性 　（冬季）大雪の可能性	・ジェット気流の位置、強さ ・（夏季）チベット高気圧の状況 ・（冬季）圏界面高度の確認 ・（航空）晴天乱気流の可能性
備　考	・AUPQ35は上下2段組で配信。500hPa天気図は下段の図	・AUPQ35は上下2段組で配信。300hPa天気図は上段の図

天気図の概要

　上空の大気の状態を知るための天気図（高層天気図）のひとつで、**アジア500hPa天気図**（下段）と、**アジア300hPa天気図**（上段）の2つが1枚となって配信されています。天気図略号のAUPQ35のAはanalysis（実況解析）、Uはupper（高層）、PQはWestern North Pacific（北西太平洋）、35は300hPaと500hPaです。

　アジア500hPa天気図は500hPa面（高度5700m付近）の状態を示したもので、

アジア500hPa天気図（2023年1月1日9時）

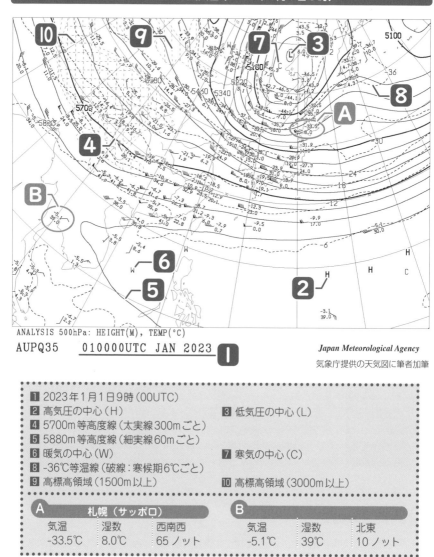

ANALYSIS 500hPa: HEIGHT(M), TEMP(℃)

AUPQ35　　010000UTC JAN 2023　Ⅰ

Japan Meteorological Agency
気象庁提供の天気図に筆者加筆

① 2023年1月1日9時（00UTC）	
② 高気圧の中心（H）	③ 低気圧の中心（L）
④ 5700m等高度線（太実線300mごと）	
⑤ 5880m等高度線（細実線60mごと）	
⑥ 暖気の中心（W）	⑦ 寒気の中心（C）
⑧ -36℃等温線（破線：寒候期6℃ごと）	
⑨ 高標高領域（1500m以上）	⑩ 高標高領域（3000m以上）

A 　　札幌（サッポロ）			B		
気温	湿数	西南西	気温	湿数	北東
-33.5℃	8.0℃	65ノット	-5.1℃	39℃	10ノット

対流圏中層を代表する天気図です。等高度線の蛇行具合からこの高度における主要なトラフやリッジの位置を解析し、地上の高気圧・低気圧との関係を把握します。また等高度線の混み具合や高層気象観測の風向風速から、偏西風の流れをつかみます。

アジア300hPa天気図（2022年7月30日21時）

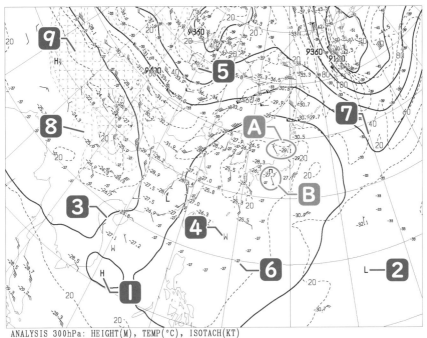

ANALYSIS 300hPa: HEIGHT(M), TEMP(℃), ISOTACH(KT)

気象庁提供の天気図に筆者加筆

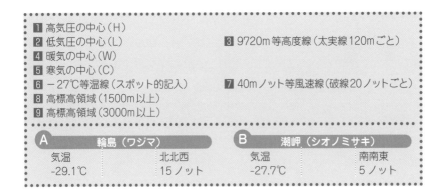

1	高気圧の中心（H）
2	低気圧の中心（L）
4	暖気の中心（W）
5	寒気の中心（C）
6	－27℃等温線（スポット的記入）
8	高標高領域（1500m以上）
9	高標高領域（3000m以上）

| 3 | 9720m等高度線（太実線120mごと） |
| 7 | 40mノット等風速線（破線20ノットごと） |

A 輪島（ワジマ）		B 潮岬（シオノミサキ）	
気温	北北西	気温	南南東
-29.1℃	15ノット	-27.7℃	5ノット

　等高度線のうち5880mは太平洋高気圧（夏の高気圧）に対応しており、また5820mは梅雨前線の位置の目安としても用いられます。

　それから上空の寒気の動向を見るのにも使われます。冬季は500hPaの寒気の強さ

実況天気図の種類と読み方　3

が日本海側の雪の目安となります。－30℃以下で雪、－36℃以下で大雪の可能性があります。

　また積乱雲のできやすさ（＝大気の安定度）を見るのにも使われます。夏季500hPaに－6℃以下の寒気が流れ込んできているときは注意が必要です。

　アジア300hPa天気図は300hPa面（高度9600m）付近の状態を示しており、対流圏上層を代表する天気図です。おもにジェット気流の解析に使われます。

　また寒冷低気圧やチベット高気圧など、対流圏上層に現れる高気圧・低気圧をチェックするときにもこの天気図を確認します。チベット高気圧の位置は9720mの等高度線がひとつの目安になります。

● 天気図の見かた

　アジア500hPa天気図には高層気象観測値、等高度線、等温線が、アジア300hPa天気図には高層気象観測値、等高度線、気温分布、等風速線が記されています。どちらも湿域の表示はありません。

　アジア500hPa天気図の高層気象観測値の見かたはアジア850hPa天気図、アジア700hPa天気図と同じです。等高度線は5700mを基準に、60mごとに細実線、300mごとに太実線となっています。等温線は0℃を基準に3℃ごと（12～翌3月の寒候期は6℃ごと）に破線で描かれています。

　アジア300hPa天気図の高層気象観測値は風向風速と気温（℃）で、湿数はありません。等高度線は9600mを基準に120mごとに太実線で描かれています。気温分布は等温線ではなく、数値がスポット的に記入されています。この数値を線でつなぐと等温線となります。この数値は6℃ごとに描かれています。

　またアジア300hPa天気図では等風速線が描かれています。詳しくは後述します。

図3-4-1　アジア300hPa天気図の気温分布の見かた

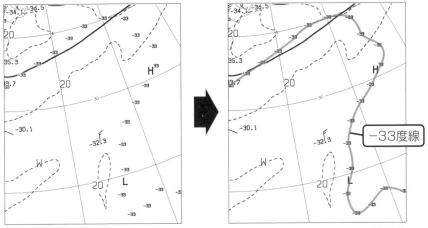

気象庁提供の天気図に著者加筆

> **Check!** 図3-4-1の左側は-33℃の等温線をあらわしており、線のかわりに温度の数値の-33が並んで、等温線の形状になっています。そのため、右側のようにこの数値を線でつなぐと、等温線として使うことができます。

どちらの天気図も、周囲より気圧が高い部分（高気圧・高圧部）にはH、周囲よりも気圧が低い部分（低気圧・低圧部）にはLのスタンプが押されています。また周囲より気温の高い部分にはW、気温の低い部分にはCのスタンプが押されています。

● 等風速線（300hPa天気図）

アジア300hPa天気図には、**等風速線**（isotach）と呼ばれる、風速の分布を表示するための線が破線で描かれています。この等風速線は20ノットごとに描かれています。

この等風速線の数値が大きいところをつなぐことで、**強風軸**（帯状に強い風が吹いている場所）の解析ができます。強風軸にある場所で気温分布が混んでいるところには、ジェット気流が存在する可能性があります。

3

実況天気図の種類と読み方

図3-4-2　強風軸の解析イメージ

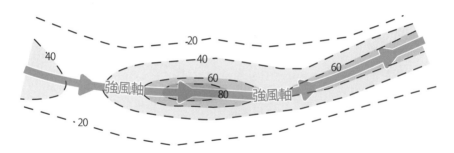

　なお日本付近で見られるジェット気流には**寒帯前線ジェット（Jp）**と**亜熱帯ジェット**（**Js**）があります。ときに寒帯前線ジェットと亜熱帯ジェットの間に**中間系ジェット**と呼ばれるものができることもあります。亜熱帯ジェットは300hPa面より高い位置にあることが多いため、より高いところの大気の状態を表したAUPA20（200hPaの天気図）、AUPA25（250hPaの天気図）などもあわせて確認すると良いでしょう。

図3-4-3　寒帯前線ジェット気流と亜熱帯ジェット気流

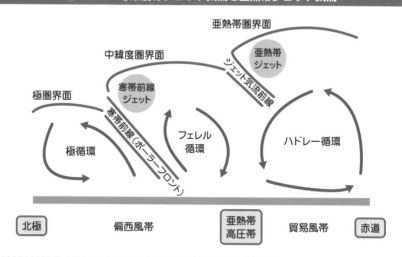

> Check! ジェット気流は、上空の前線帯と対応しています。例えば、寒帯前線ジェットは、寒帯前線（ポーラーフロント）に対応しています。そして、ジェット気流に対応する前線帯がときに地上にまで達して、地上天気図の前線につながることもあります。

🌐 圏界面高度の確認（300hPa天気図）

圏界面は対流圏と成層圏の境目のことです（→詳しくは3-8；142ページ）。

この圏界面の高度は場所によって、また気象条件によって大きく変動しています。そして空気が冷たいほど圏界面高度は低くなる傾向があるため、冬季、強い寒気がある場所では、その高さが300hPa面よりも低くなることがあります。これがアジア300hPa天気図の気温分布に現れることがあります。

成層圏内は高度とともに気温が変わらないか反対に高くなっています。そのため圏界面高度が300hPa面よりも低い場所では、周囲よりも気温が高くなって、見かけ上「暖気」があるようになります。冬季、発達したトラフの中心付近が暖気になっているときは、強い寒気に伴う圏界面高度の低下が反映されている可能性が高いため、日本海側の大雪の兆候として注意が必要です。

図3-4-4（A）　2019年1月16日21時の天気図例

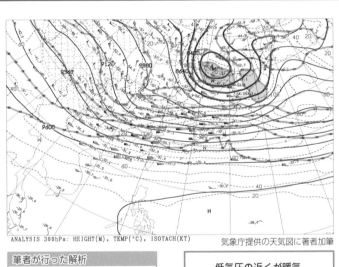

ANALYSIS 300hPa: HEIGHT(M), TEMP(℃), ISOTACH(KT)

気象庁提供の天気図に著者加筆

筆者が行った解析	
主となる低気圧（トラフ）とその中心近くの等高度線に色をつける	
スポット的に記入された気温をつなぎ等温線を引く	**低気圧の近くが暖気** 圏界面高度 300hPa 以下強い寒気があることを示す
低気圧（L）近くの暖気（−51℃以上）の領域を色塗り	

図3-4-4（B）　2019年1月16日21時の天気図例

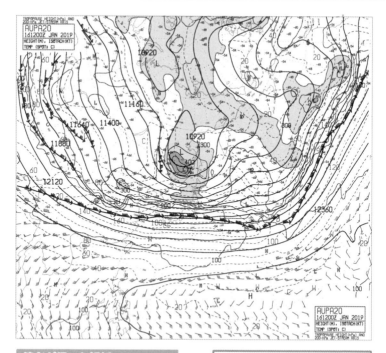

筆者が行った解析

圏界面高度300hPa以下
の領域を色塗り（うすい青色）

圏界面高度400hPa以下
の領域を色塗り（濃い青色）

300hPa天気図上の暖気に
対応するように圏界面高度が
かなり下がっている

300hPa天気図上の暖気は
成層圏内の気温が反映された
ものと考えられる

気象庁提供の天気図に著者加筆

Check! 図3-4-4（A）（→119ページ）は300hPa（AUPQ35）、図3-4-4（B）は
200hPa（AUPA20）の天気図を筆者が解析したものです。300hPaの天気図
でスポット的に記入された気温をつないで等温線を引くと、低気圧（Lのスタンプ）の近
くの気温が周辺より高く、暖気となっています。これはその場所の寒気がとても強いた
めに圏界面高度が下がって、その上の成層圏の気温が反映されているからです。
200hPa天気図で圏界面高度が300hPaより低いところに色を塗ると、300hPa天気
図に見られた暖気の部分に対応するように、圏界面高度がかなり低くなっていて、
400hPa以下になっているのが分かります。

アジア太平洋200hPa 高度・気温・風・圏界面図（AUPA20）

3-5

AUPA20は対流圏上端付近の大気の状態を知るための高層天気図の1つです。ジェット気流や圏界面高度の状況を知るのに必要な図で、航空分野でよく利用されます。

天気図基礎情報

名　称	アジア太平洋200hPa 高度・気温・風・圏界面図
対象高度	200hPa（12,120m付近）
観測日時	毎日　0時 1時 2時 3時 4時 5時 6時 7時 8時 **9時** 10時 11時 12時 13時 14時 15時 16時 17時 18時 19時 20時 **21時** 22時 23時
書いてある情報	・等高度線／高気圧、低気圧の中心　　　・圏界面高度 ・気温分布／寒気・暖気の中心　　　　・等風速線／ジェット軸 ・低緯度帯の風向風速分布　　　　　　　・主要な国際空港の地点略号
天気図から読み取ること	・ジェット気流の位置、強さ ・（夏季）チベット高気圧の状況 ・（冬季）圏界面高度の確認 ・（航空）晴天乱気流の可能性
備　考	

🔵 天気図の概要

　アジア太平洋200hPa 高度・気温・風・圏界面図（AUPA20）は、200hPa面（高度12120m付近）の対流圏上端の大気の状態を知るための、高層天気図です。

　飛行機の航行によく利用される天気図であるため、ジェット気流を把握するための「ジェット軸」や、圏界面高度分布、それから主な国際空港の略号が記入されています。

🔵 天気図の見かた

　天気図の等高度線は12120m線を基準に、120mごとに太実線に描かれています。他の高層天気図と同様、等高度線の数値が大きいところには高気圧が、数値が小さいところには低気圧があり、周囲より気圧が高い部分（高気圧・高圧部）にはHのスタンプが、周囲よりも気圧が低い部分（低気圧・低圧部）にはLのスタンプが押されます。

アジア太平洋200hPa高度・気温・風・圏界面図（2022年11月6日9時）

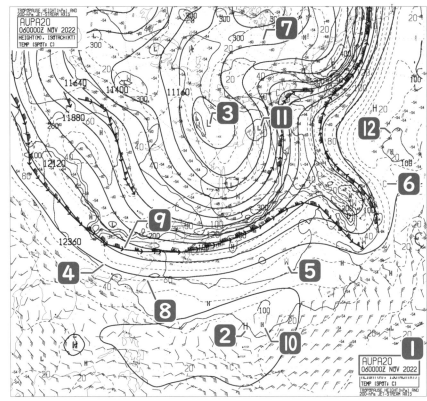

気象庁提供の天気図に筆者加筆

1 2022年11月6日9時（00UTC）
2 高気圧の中心（H） 3 低気圧の中心（L）
4 12360m等高度線（太実線：120mごと）
5 暖気の中心（W） 6 寒気の中心（C）
7 −60℃等温線（スポット的記入）
8 60ノット等風速線（破線20ノットごと）
9 ジェット軸
10 圏界面高度の高い場所（白抜きH）
11 圏界面高度の低い場所（白抜きL）
12 圏界面高度100hPa（細実線50hPaごと）

　気温分布は300hPaの天気図（AUPQ35→3-4：113ページ）と同様に、等温線の代わりに数値がスポット的に記入されていて、これをつなぐと等温線になります。この数値は6℃ごとに描かれています。

　等風速線は破線で20ノットごとに描かれています。さらにジェット気流の位置を把握するために、**ジェット軸**（60ノット以上の強い風が吹いている強風軸）が太い矢羽根で記されています。

　また暖候期（4～10月）は北緯30度以南、寒候期（11～翌3月）は北緯20度以南の地域で、コンピューターによって客観解析（→1-5：42ページ）された風向風速分布が矢羽根形式で記されています。矢羽根の凡例は、他の高層天気図と同様です。

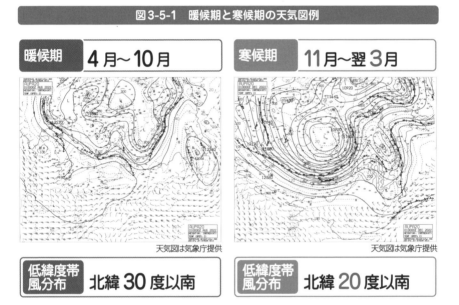

図3-5-1　暖候期と寒候期の天気図例

　それから圏界面高度の分布が細実線で描かれています。圏界面高度は気圧高度による表記で、50hPaごとに線が引かれています。また圏界面高度の高い場所には白抜きのH、低い場所には白抜きのLのスタンプが押されています。航空機が圏界面を横切ると乱気流に巻き込まれる恐れがあります。

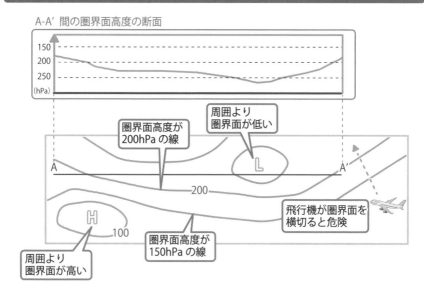

図3-5-2　圏界面高度分布のイメージ

ジェット気流の把握

　この天気図の主な用途のひとつがジェット気流の解析です。日本付近で見られる大きなジェット気流は**寒帯前線ジェット**（**Jp**）と**亜熱帯ジェット**（**Js**）で、200hPa面は亜熱帯ジェットの中心付近の高度にあたります。ただしジェット気流の位置や高度は、その種類によって異なるだけでなく、そのときの気象条件によっても変動するため、AUPA25（250hPaの天気図）やAUPQ35（300hPaの天気図）もあわせて確認すると良いでしょう。

　本天気図には、ジェット気流のおおまかな位置が把握できるよう、**ジェット軸**（60ノット以上の強風軸）が太い矢羽根で記されています。このジェット軸はコンピューターの客観解析によって描かれたものなので、線が不自然にジグザグしたり、途切れたりすることが珍しくありません。そこで等高度線との関係に注目し、より自然でなめらかな大気の流れを推定するようにします。一般に、ジェット気流の風速がおおむね等速の場合は等高度線とだいたい平行に吹きます。風速が加速する場合は、等高度線の高度が低いほうに向かって横切るように、反対に減速する場合は、等高度線の高度が高いほうに向かって横切るように吹く傾向があります。

図3-5-3　ジェット気流と等高度線の関係

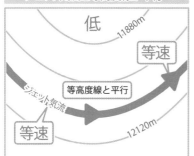
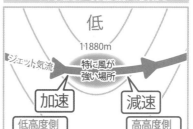

 Column

250hPaの天気図（AUPA25）

　アジア太平洋250hPa高度・気温・風図（AUPA25）は250hPa高度を対象にして作成された天気図で、他の高層天気図と同様に1日2回（9時、21時）配信されます。航空分野での利用を想定したもので、300hPa、200hPaの天気図と合わせて、ジェット気流や圏界面高度の解析に使われます。

　天気図には等高度線（10200mを基準に120mごとに太実線）、気温分布（6℃ごとにスポット的に記入）、等風速線（20ノットごとに細破線）、低緯度帯の風向風速（11〜3月は北緯20度以南、4〜10月は北緯30度以南）、おもな国際空港の略号が記されています。

図3-5-4　アジア太平洋250hPa高度・気温・風図（AUPA25）の例

天気図は気象庁提供

3-6 北半球500hPa高度・気温図（AUXN50）

日本を含めた中緯度帯上空を吹く偏西風は、日々の天気変化に大きな影響を与えています。この偏西風の流れをつかみ、目先1週間程度の天気の傾向を知るために使われるのがこの北半球500hPa高度・気温図（AUXN50）です。

天気図基礎情報

名　称	北半球500hPa高度・気温図
対象高度	500hPa（5,700m付近）
観測日時	毎日　0時 1時 2時 3時 4時 5時 6時 7時 8時 9時 10時 11時 12時 13時 14時 15時 16時 17時 18時 19時 20時 **21時** 22時 23時
書いてある情報	・北半球全体の等高度線分布 ・高気圧、低気圧の中心 ・等温線／寒気・暖気の中心
天気図から読み取ること	・偏西風の蛇行の状況／ブロッキング現象など ・顕著なトラフ、リッジの状況 ・寒気や暖気の動向
備　考	北極点を中心に北半球を俯瞰したような図になっている

● 天気図の概要

　北半球500hPa高度・気温図（AUXN50）は北極を中心にして、北半球の広い範囲を俯瞰した天気図です。500hPaの高度と気温の分布が描かれていて、北半球全体の大気の状態を把握することができます。天気図の発表時刻は1日1回で、毎日21時です。

　日本を含めた中緯度帯の上空には、**偏西風**（westerlies）と呼ばれる強い西寄りの風が、地球をとり巻くようにぐるっと1周吹いています。AUXN50はこの偏西風の流れをつかむのに最適で、あわせて目先1週間くらいのうちに、天気の変化に影響を及ぼしそうなトラフやリッジ、あるいは寒気、暖気のおおまかな動向を確認します。

　天気図略号のAUXN50のAはanalysis（実況解析）、Uはupper（高層）、XNはnorthern hemisphere（北半球）、50は500hPaです。

北半球500hPa高度・気温図（2018年1月10日21時）

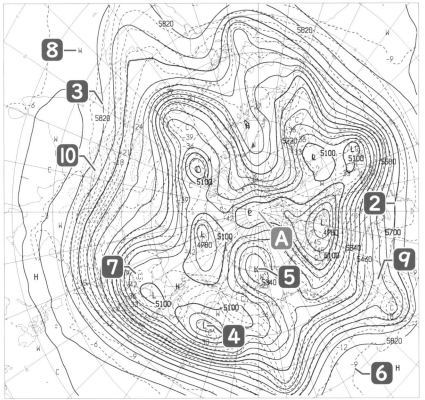

AUXN50 | 101200Z JAN 2018 HEIGHT(M), TEMP(C)

気象庁提供の天気図に著者加筆

> 1 2018年1月10日21時（12UTC）
> 2 5700m等高度線（太実線：300mごと）
> 3 5820m等高度線（細実線：60mごと）
> 4 低気圧の中心（L）　　　　　　5 高気圧の中心（H）
> 6 －9℃等温線（破線：3℃ごと）
> 7 寒気の中心（C）　　　　　　　8 暖気の中心（W）
> 9 高標高領域（標高1500m以上）
> 10 高標高領域（標高3000m以上）
>
> A 　　　　北極点

天気図の見かた

　北半球500hPa高度・気温天気図は、名前のとおり北半球全体の500hPa面の大気の状態を図示したものです。そのため、アジア域を中心とした他の天気図とは構図が異なります。

　天気図は北極点を中心とし、北半球を俯瞰したような図になっています。そのため外側に向かって緯度が低くなっていきます。北極点および、日本の位置、主要緯経線の位置については、図3-6-1に示したとおりです。

図3-6-1　AUXN50における日本の位置と主要緯経線

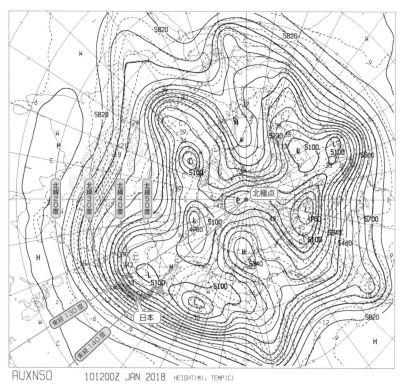

気象庁提供の天気図に著者加筆

この天気図の対象高度は500hPa面で、等高度線と等温線が引かれています。等高度線は高度5700mを基準とし、300mごとに太実線、60mごとに細実線となっています。周囲よりも気圧の高いところ（高気圧、高圧部）の中心にはH、周囲よりも気圧の低いところ（低気圧、低圧部）の中心にはLのスタンプが押されています。

等温線は破線で、0℃を基準とし3℃ごとに引かれています。寒気の中心にはC、暖気の中心にはWのスタンプがあります。

また標高1500m以上の高標高領域にはハッチがかかっています。

● 偏西風の流れを見る

北半球500hPa高度・気温天気図を見ると、中緯度帯を中心に等高度線が帯状に混んでいるのが分かります。この部分がちょうど偏西風に対応しており、偏西風の流れはふつう波打つように蛇行しています。この蛇行を**偏西風波動（westerly wave）**と言い、偏西風が低緯度側に波打っている場所（天気図上では外側へと垂れ下がる）にはトラフがあります。反対に、高緯度側に向かって波打っている場所（天気図上では中心に向かって凹む）には、リッジがあります。また偏西風の北側は寒気、南側は暖気となっています。

偏西風波動に伴うトラフは低気圧（温帯低気圧）、リッジは高気圧に対応していて、日々の天気変化に影響を与えています。そのためこの天気図を使ってこれらのトラフやリッジの状況を把握します。

図3-6-2　AUXN50に見る偏西風波動の例

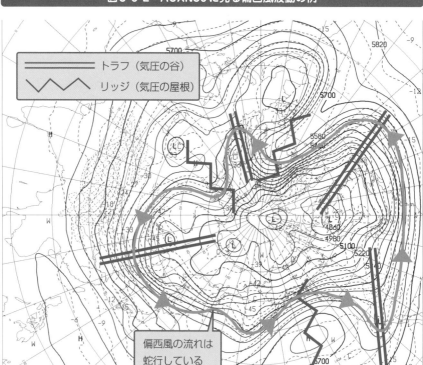

トラフ（気圧の谷）
リッジ（気圧の屋根）

偏西風の流れは
蛇行している

AUXN50　211200Z FEB 2006　HEIGHT(M), TEMP(C)

気象庁提供の天気図に著者加筆

🔵 ブロッキング現象

　偏西風波動の波打ち具合が強まり、蛇行が顕著になると、蛇行した部分が本流から切り離されてしまうことがあります。これを**ブロッキング現象**（blocking）と言います。

　ブロッキング現象に伴って切り離されたトラフを**切離低気圧**、切り離されたリッジを**切離高気圧**と言います。切離低気圧・切離高気圧ともに、本流から取り残されるような形となるため、動きがとても遅く、ときに西に向かって動くなど迷走することもあります。

　切離低気圧は上空に強い寒気を伴うことも多く、その場合大気の状態が不安定となって、激しい雷雨の発生しやすい気象状況が何日も続きます。この寒気を伴った切離低気圧は、**寒冷渦**（cold vortex）または**寒冷低気圧**と呼ばれます。

切離高気圧も動きが遅いため、同じような天気が何日も続く原因となります。オホーツク海高気圧がその例で、梅雨期〜夏にかけて顕著になると、東日本から北日本の太平洋側で「やませ」という冷たい北東の風が吹き、冷夏の原因となります。

図3-6-3　ブロッキング現象のイメージ

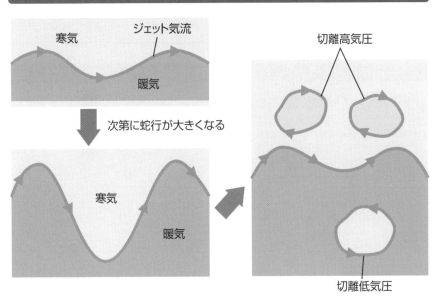

寒気　ジェット気流　暖気

次第に蛇行が大きくなる

寒気　暖気

切離高気圧

切離低気圧

Check! 南北の温度差が大きくなると、温度差を解消しようとジェット気流の蛇行が大きくなります。この蛇行の程度が顕著になると、時に、南側に垂れ下がったトラフの部分が切り離された切離低気圧ができたり、反対に北側に盛り上がったリッジが切り離させて切離高気圧ができることがあります。これを、ブロッキング現象と言います。

3-7 極東850hPa気温・風、700hPa上昇流、極東500hPa高度・渦度解析（AXFE578）

本天気図は数値予報の計算を行うための下準備として作成されるものです。いわゆる「数値予報天気図」の初期値で、実用上は実況天気図のひとつとしても扱うことができます。主に鉛直p速度や渦度の分布を確認するのに使われます。

天気図基礎情報

名　称	極東850hPa気温・風、700hPa上昇流解析図	極東500hPa高度・渦度解析図
対象高度	気温・風…850hPa （1,500m付近） 鉛直p速度…700hPa （3,000m付近）	高度・渦度…500hPa （5,700m付近）
観測日時	毎日　0時 1時 2時 **3時** 4時 5時　6時 7時 8時 **9時** 10時 11時　12時 13時 14時 **15時** 16時 17時　18時 19時 20時 **21時** 22時 23時	毎日　0時 1時 2時 **3時** 4時 5時　6時 7時 8時 **9時** 10時 11時　12時 13時 14時 **15時** 16時 17時　18時 19時 20時 **21時** 22時 23時
書いてある情報	・850hPaの等温線／寒気・暖気の中心 ・850hPaの風の分布 ・700hPaの鉛直p速度の分布 ・上昇気流域	・等高度線／高気圧、低気圧の中心 ・等渦度線／正渦度域 ・正渦度極大値／負渦度極小値
天気図から読み取ること	・下層の寒気移流・暖気移流 ・顕著な寒気の動向 ・温帯低気圧発達の可能性 ・前線や寒冷渦の状況など	・上空のトラフやリッジの状況 ・温帯低気圧発達の可能性 ・前線や強風軸の確認
備　考	・AXFE578は上下2段組で配信。本天気図は下段の図	・AXFE578は上下2段組で配信。本天気図は上段の図

🔵 天気図の概要

　さまざまな気象観測データを、数値予報で扱える形式に変換する作業を**客観解析（データ同化）**と言います。AXFE578はこの過程で作成された数値予報の**初期値**に相当する天気図です。図の左下にあるT＝00は0時間後、つまり現在（初期値）の図という意

極東850hPa気温・風、700hPa上昇流解析図（2023年7月9日9時）

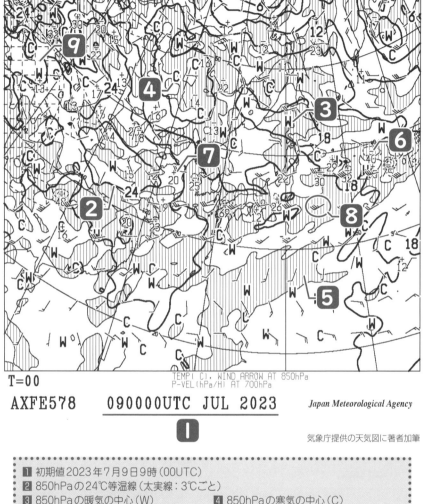

```
T=00
AXFE578    090000UTC JUL 2023
```

TEMP(C), WIND ARROW AT 850hPa
P-VEL(hPa/H) AT 700hPa

Japan Meteorological Agency

気象庁提供の天気図に著者加筆

味です。　直接観測して得られたデータではなく、観測値をもとにして計算した数値ではありますが、解析の精度は高く、実況天気図の補助図として使うことができます。

極東500hPa高度・渦度解析図の例（2023年7月9日9時）

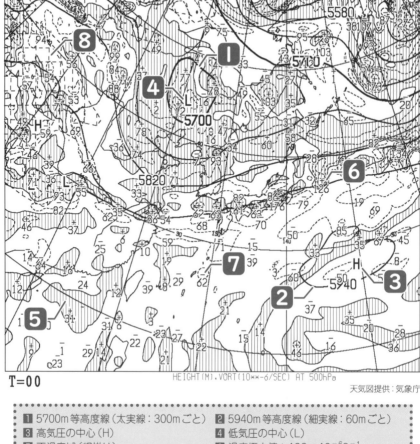

T=00

HEIGHT(M),VORT(10**-6/SEC) AT 500hPa

天気図提供：気象庁

1 5700m等高度線（太実線：300mごと）	2 5940m等高度線（細実線：60mごと）
3 高気圧の中心（H）	4 低気圧の中心（L）
5 正渦度域（網掛け）	6 渦度極大値＋126×10^{-6}S^{-1}
7 渦度極小値－62×10^{-6}S^{-1}	8 高標高領域（標高3000m以上）

　AXFE578は**極東850hPa気温・風、700hPa上昇流解析図**（下段）と、**極東500hPa高度・渦度解析図**（上段）の2つが1枚となって配信されています。

　極東850hPa気温・風、700hPa上昇流解析図は、1つの図の中に異なる2つの高度（850hPaと700hPa）の要素が記入されているため、見るときに注意が必要です。850hPa面の要素は気温（英略語：TEMP）と風（英略語：WIND ARROW）、700hPa面の要素は鉛直p速度（英略語：P-VEL）です。

　一方、極東500hPa高度・渦度解析図には、500hPa面の等高線（英略語：HEIGHT）と渦度分布（英略語：VORT）が記されています。

　上段・下段とも、図の対象高度と要素を度忘れした場合は、図の下側欄外に英略語形式で記されています。

　天気図略号のAXFE578のAはanalysis（実況解析）、Xはmiscellaneous（さまざまな）、FEはFar East（極東）、578は500hPaと700hPa、850hPaの意味です。

　本天気図と実況天気図・予想天気図を組み合わせて、低気圧や前線の立体構造を把握し、どの程度発達するかなど、今後の見通しを検討します。

● 天気図の見かた（極東850hPa気温・風、700hPa上昇流解析図）

　極東850hPa気温・風、700hPa上昇流解析図（下段）は850hPa高度における気温と風の分布、それから700hPa高度における鉛直p速度の分布が1枚の図の中に記入されています。

　850hPa高度の気温は、等温線によってその分布が分かるようになっています。等温線は0℃を基準に、3℃ごとに太実線で描かれています。また周囲より気温の高い場所にはW、気温の低い場所にはCのスタンプが押されています。

　850hPa高度の風（風向風速）は約300km間隔に矢羽根形式で記されています。矢羽根の見かたは他の高層天気図と同じです（→凡例は111ページ）。

　700hPa高度の鉛直p速度は、鉛直方向の空気の流れを数値化したもので、単位はhPa/Hです（→詳しくは77ページ）。1hPa/Hは、1時間で1hPa分の高度を移動するという意味で、実用的には「1 hPa/H ≒ 0.3 cm/sec」と換算して考えることができます。そして上昇流か下降流かは、数値の符号で判断できます。

> 鉛直p速度 ＞ 0　…下降流
> 鉛直p速度 ＜ 0　…上昇流

　鉛直p速度の数値が＋のときは下降流、－のときは上昇流です。＋・－の符号をとった数値（絶対値）が大きければ大きいほど、下降流（上昇流）は強くなります。

　天気図上では、上昇流域（鉛直p速度＜0）の領域には縦線の網掛けが施されています。下降流域（鉛直p速度＞0）の領域は白抜きです。上昇流の極値には－、下降流の極値に

は＋のスタンプが押され、その数値の絶対値「○○hPa/H」の「○○」の部分のみが記されています。また鉛直p速度の分布は20（hPa/H）ごとに細破線で描かれています。

なお本図の高標高領域にもハッチがかかっています。

🔵 天気図の見かた（極東500hPa高度・渦度解析図）

極東500hPa高度・渦度解析図（上段）は、500hPa高度における等高度線と渦度分布が描かれています。等高度線は5700mを基準に、300mごとに太実線、60mごとに細実線となっています。周囲より気圧が高い部分（高気圧・高圧部）にはH、周囲よりも気圧が低い部分（低気圧・低圧部）にはLのスタンプが押されています。これらの凡例はアジア500hPa天気図（AUPQ35；3-4→114ページ）と同じです。

また等渦度線という渦度の等値線が引かれています。等渦度線は細破線で渦度40（×$10^{-6}s^{-1}$）ごとに引かれ、渦度0の線は細実線となっています。そして渦度が＋の領域（**正渦度域**）には縦線の網掛けが施されています。

正渦度域の中で、その数値がまわりよりも大きい場所を正渦度極大域と言います。正渦度極大域の中心には、＋のスタンプと渦度の数値が記入されています。反対に、渦度が－となっている領域（**負渦度域**）で、数値がまわりより小さい場所には、－のスタンプと渦度の数値がプロットされています。いずれも「▲▲×$10^{-6}s^{-1}$」の「×$10^{-6}s^{-1}$」の部分を省略して、▲▲のみが記されています。

なお高標高領域にはハッチがかかっています。

🔵 温度移流

「春一番」が吹くと急に暖かくなり、「木枯らし」が吹くと急に寒くなります。このような温度変化をもたらす風を総称して**温度移流**（temperature advection）と言います。そして「春一番」のように、風が暖かい空気（暖気）を運んでくる場合を**暖気移流**、「木枯らし」のように寒い空気（寒気）を運んでくる場合を**寒気移流**と言います。

天気図上では、暖気移流のときは、暖気側から寒気側に向かって等温線を横切るように風が吹きます。暖気側の空気が、風とともに寒気側へと移動するため、「風が暖かい空気を連れてくる」ような状態となります。反対に寒気移流のときは、寒気側から暖気側に向かって等温線を横切るように風が吹きます。寒気側の空気が風とともに暖気側へ移動して、「風が冷たい空気を連れてくる」状態になります。

図3-7-1 暖気移流と寒気移流

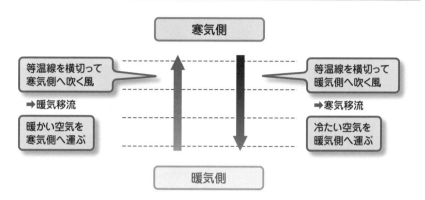

> **Check!** 暖気移流では、暖気側の暖かい空気塊が寒気側へと移動し、結果として風が暖かい空気を寒気側に運ぶことになります。寒気移流ではその逆で、寒気側の冷たい空気塊が暖気側へと移動することで、結果として風が冷たい空気を暖気側へと運ぶことになります。

温度移流にも強弱があり、天気図上で以下のような特徴が見られるときは強い温度移流があると考えられます。

(1) 等温線の間隔が狭い（温度差が大きい）

(2) 温度移流をもたらす風が強い

(3) 等温線と風向の角度が直角に近い

図3-7-2 温度移流が強くなるケース

3-8 高層断面図 (AXJP130・AXJP140)

ここまで紹介した天気図は大気を上から見た「平面図」ですが、高層断面図は大気の断面を取り、立体構造をわかるようにしたものです。ここでは高層断面図の見かたを紹介します。

天気図基礎情報

名　称	高層断面図
対象高度	大気の断面（地上〜100hPa）
観測日時	毎日　0時 1時 2時 3時 4時 5時 6時 7時 8時 **9時** 10時 11時 12時 13時 14時 15時 16時 17時 18時 19時 20時 **21時** 22時 23時
書いてある情報	・高層気象観測（地点名・地点番号／高度ごとの風向風速・気温・湿数など） ・等温線（気温の高度分布）／等温位線（温位の高度分布） ・地上気象観測値（国際式天気記号） ・等風速線の分布　　・圏界面高度
天気図から読み取ること	・大気の構造を立体的に把握／圏界面の状況を確認 ・ジェット気流、前線、風の鉛直シアの把握
備　考	本天気図は東経130度線での断面（AXJP130）と、東経140度線での断面（AXJP140）の2つの図が1組となって配信されている。

● 天気図の概要

高層断面図は、経線に沿って大気の断面をとったもので、各種高層天気図と組み合わせて、大気の立体構造を把握するのに使われます。

この断面図は高層気象観測データをもとにしたコンピューター解析によって作成されており、各高層観測地点の観測値はもちろん、気温、温位、風速、圏界面高度の分布を見ることができます。

日本列島は東西方向に長いため、東経130度線と東経140度線の2箇所で断面図がとられています。

東経130度の高層断面図（2022年11月26日9時）

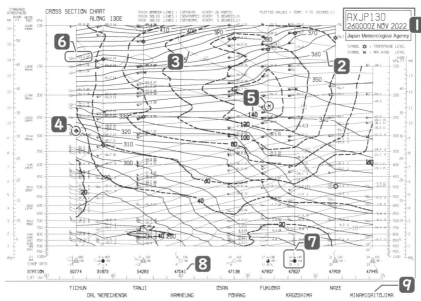

気象庁提供の天気図に著者加筆

1 2022年11月26日9時（00UTC）
2 360K等温位線（太実線：5Kごと）
3 −60℃等温線（細実線：5℃ごと）
4 圏界面高度
5 最大風速高度
6 高層観測値（西南西45ノットの風・気温−53.2℃、湿数25℃）
7 地上気象観測値（鹿児島）
8 地点番号（47041）
9 地点名（南大東島）

　天気図略号はAXJPで、Aはanalysis（実況解析）、Xはmiscellaneous（さまざまな）、JPはjapan（日本）という意味です。そこに断面を取った経度の数字を組み合わせる形で、東経130度線の断面図を**AXJP130**、東経140度線の断面図を**AXJP140**と表記します。

　AXJP130（下段側）とAXJP140（上段側）の2図が組み合わされて、1枚の天気図として配信されています。

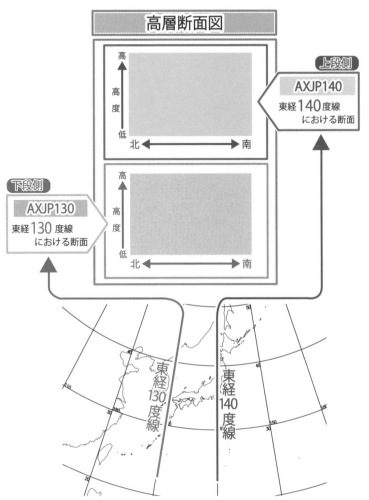

図3-8-1　高層断面図の配置と断面の位置

🔵 天気図の見かた

高層断面図には縦軸と横軸があります。

横軸は緯度で、図の左側が北（高緯度側）、右側が南（低緯度側）となっています。あわせて断面を取った経線沿いにある高層観測地点の地点名と地点番号が記入されています。

図3-8-2　高層断面図の縦軸と横軸

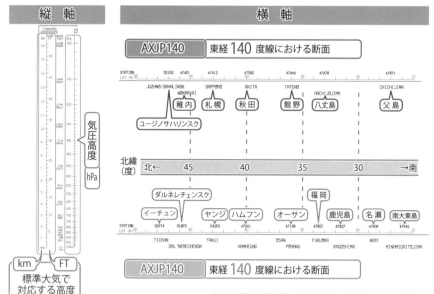

気象庁提供の天気図から縦軸と横軸の部分を拡大、著者加筆

　そのため横軸に書かれている地点名・地点番号は、AXJP130（東経130度線の断面図）とAXJP140（東経140度線の断面図）とで異なります。

　縦軸は高度で、図の上側に行くほど高度は高くなります。断面図の単位は高層天気図でよく使われる気圧高度（hPa）を基本としていますが、参考用に標準大気におけるhPaとkm、FT（フィート）の対応の目盛りがつけられています。ただし気圧高度（hPa）とkm・FTの対応は、そのときの気象状況によってもかなり変動するため、参考程度にします。なお標準大気は大気の平均的な状態を示したもので、いわば大気の基準とも言えるものです。

　図中に引かれている線は**等温線**（細実線）、**等温位線**（実線）、**等風速線**（太破線）の3種類です。等温線は5℃ごと、等温位線は5Kごとに引かれています（温位について詳しくは2-5；82ページ）。また等風速線は20ノットごとに引かれています。

　また断面を取った経線沿いにある各高層観測地点について、観測値（気温、湿数、風向風速）が高度ごとに記入されており、あわせて**圏界面高度**と**最大風速高度**の記号のスタンプが押されています。

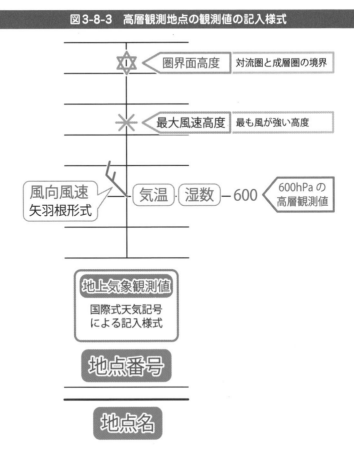

図3-8-3　高層観測地点の観測値の記入様式

● 高層断面図に見る圏界面

　地球大気は地表から対流圏、成層圏、中間圏、熱圏、外気圏という順に区分されていて、日々の天気の変化は主に対流圏内で起きています。そして対流圏と成層圏の境界を**対流圏界面**と言います。本来圏界面というのは、地球大気の各層の境界を総称したものですが、気象の世界では対流圏界面を単に**圏界面**と呼ぶことが多いものです。そのため本書でも特に断りが無い限り、対流圏界面を圏界面と表記します。

　国内では対流圏の範囲を地表から高度約13kmとすることが多いのですが、これはあくまで温帯地域における平均的な状態を指しているもので、季節や緯度によって大きく異なります。さらにそのときの気象状況等の影響も強く受けるため、日々かなり変動し

ています。当然、圏界面高度もこれに連動して刻々と変わっていきます。そのため高層断面図では、各観測点における圏界面の位置がマークで図示されています。

　また圏界面は途中で途切れたり（**不連続**）、赤道側の圏界面と北極側の圏界面とが重なったり（**二重圏界面**）することもあります。

図3-8-4　圏界面の不連続や重なりのイメージ

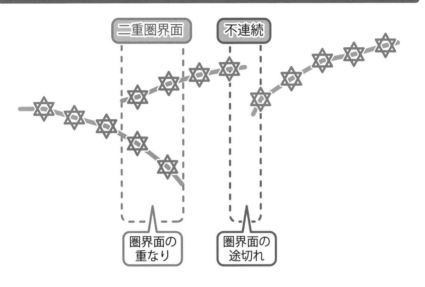

二重圏界面　　　　不連続

圏界面の
重なり　　　圏界面の
途切れ

かなとこ雲と圏界面

　圏界面は雲にとって見えない天井のようなもので、どんなに発達した積乱雲でも、ここを越えて成長することはできません。圏界面に到達するとそこで頭打ちとなり、雲のてっぺんは平らになります。そして圏界面に沿って横にすうっと広がるような形となります。このような形になった積乱雲を「**かなとこ雲**」と言います。

　雲の発達する勢いが強い場合は、雲のてっぺんが圏界面を押し上げ、それがかなとこ雲の上に突き抜けたように見えることがあります。これを**オーバーシュート**と言います。これらの雲の写真は巻頭カラーページで紹介しています。

第4章

予想天気図の種類と読み方

　未来の大気の状態を予想して作成した天気図を予想天気図と言います。現在作成される予想天気図は、コンピューターによって未来の大気の状態を計算する、数値予報という技術をもとに作成されています。予想天気図は予想対象時刻ごとに何枚も作成されます。また鉛直p速度（上昇気流・下降気流）や湿数、渦度、相当温位など、さまざまな物理量が描かれています。ここでは、おもな予想天気図の種類と、それぞれの読み方や特徴について説明します。

4-1 海上悪天予想図 (FSAS24・FSAS48)

24時間後、48時間後における地上天気図の予想を示したものです。高気圧や低気圧、前線などの予想のほか、船舶向けの情報も記されています。テレビの天気予報などにも登場する、いわゆる明日あさっての予想天気図の元にもなっています。

天気図基礎情報

名　称	海上悪天予想図											
対象高度	地上											
発表時刻	毎日	0時	1時	2時	3時	4時	5時	6時	7時	8時	**9時**	10時	11時
		12時	13時	14時	15時	16時	17時	18時	19時	20時	**21時**	22時	23時
書いてある情報（予測）	・等圧線分布／高気圧、低気圧、熱帯低気圧の中心位置・中心気圧 ・台風（種別・名称・中心気圧・最大風速）　・前線の位置、種類 ・海域の予測（30KT以上の強風域、霧域、海氷域、船体着氷域）												
天気図から読み取ること	・高気圧、低気圧、前線の動向（動き、発達具合など）を把握 ・気圧配置の変化を把握 ・気象庁ホームページでカラー版の配信あり												

予想時刻と天気図略号の関係

予想時刻	24時間後	48時間後	
略　号	FSAS24	FSAS48	

● 天気図の概要

海上悪天予想図は地上天気図の予想図で、数値予報の結果などをもとに予報官が解析したものです。1日2回、9時（00UTC）と21時（12UTC）を初期値として作成されます。予想対象時刻は初期値の時刻の24時間後（FSAS24）と48時間後（FSAS48）です。

ASAS（→3-2：101ページ）と同様に、国内外でさまざまな用途に使われることを想定しているため英語表記で、時刻は協定世界時（UTC）となっています。

地上天気図系なので描かれている線は等圧線で、高気圧、低気圧、台風・熱帯低気圧、前線が記入されています。また船舶向けの情報として、気象庁の担当海域（南北方向：赤

海上悪天24時間予想図（初期値の時刻：2023年8月11日9時）

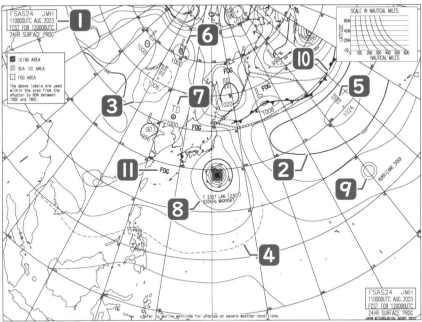

気象庁提供の天気図に筆者加筆

> 1 初期値：2023年8月11日9時（予想対象時刻：2023年8月12日9時）
> 2 1020hPa等圧線（太実線：20hPaごと）　3 1004hPa等圧線（細実線：4hPaごと）
> 4 1010hPa等圧線（破線：2hPaごと）　5 高気圧（中心気圧1024hPa）
> 6 低気圧（中心気圧1000hPa）　7 熱帯低気圧（中心気圧1000hPa）
> 8 台風2307号（名前：LAN）中心気圧935hPa、最大風速95ノット
> 9 ハリケーン（名前：DORA）　10 停滞前線
> 11 霧域（FOG AREA）

道～北緯60度、東西方向：東経100度～東経180度）において、運航に影響を及ぼす現象が予想されるエリア（霧域、強風域、船体着氷域、海氷域）の表示がなされています。

　天気図略号のFSASのFはforecast（予想）、Sはsurface（地上）、ASはanalysis surface（地上解析）の意味です。また後ろの数字は予想時間（○○時間後）を表しています。つまりFSAS24は24時間後、FSAS48は48時間後の予想図です。

　なお、気象庁ホームページには、速報天気図（→3-1：98ページ）と同様のフォーマットで作成された**日本周辺域の予想天気図**（24時間後、48時間後）も公開されています。

海上悪天48時間予想図（初期値の時刻：2023年1月10日9時）

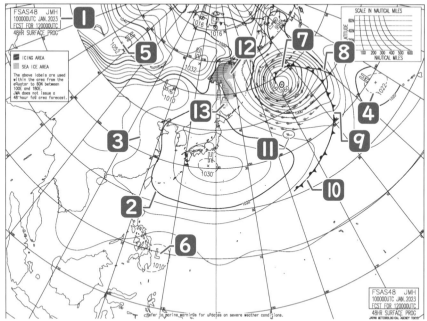

気象庁提供の天気図に筆者加筆

1 初期値：2023年1月10日9時→予想対象時刻：2023年1月12日9時
2 1020hPa等圧線（太実線：20hPaごと）　3 1016hPa等圧線（細実線：4hPaごと）
4 1022hPa等圧線（破線：2hPaごと）　5 高気圧（中心気圧1052hPa）
6 低気圧（中心気圧1010hPa）　7 閉塞前線
8 温暖前線　9 寒冷前線
10 停滞前線　11 強風域の風予想（西北西・30ノット）
12 船体着氷域（ICING AREA）　13 海氷域（SEA ICE AREA）

　この予想天気図の表記は日本語で、日本標準時（JST）対応となっています。その他の記号凡例などは速報天気図と同じです（図1-3-2：30ページ）。

図4-1-1　日本周辺域の予想天気図の例

24時間予想図（日本周辺域）の例

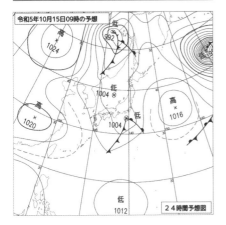

48時間予想図（日本周辺域）の例

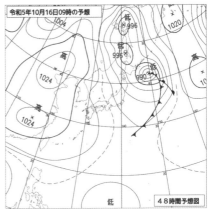

天気図はいずれも気象庁ホームページより

🔵 天気図の見かた

　まずすべての予想天気図に共通することとして、初期値の時刻（＝天気図作成の元になった観測データの観測時刻）と、描かれている図が対象としている時刻（予想対象時刻）が異なる点に注意が必要です。

　つまり天気図の対象時刻は

【○月△日☆時】の観測データをもとにして作成・発表した
【●月▲日★時（T時間後）】の予想図

　という感じになります。初期値の時刻と予想対象時刻は天気図内に明記されていますので、必ず確認するようにしましょう。

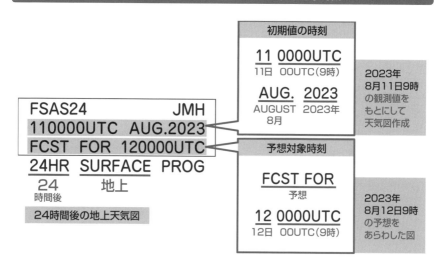

図4-1-2　FSASの初期値の時刻と予想対象時刻

海上悪天予想図は対象時刻のちがいから、2枚に分けられています。ひとつは24時間後の予想を描いた**海上悪天24時間予想図**、もうひとつは**海上悪天48時間予想図**です。

　等圧線は20hPaごとに太実線、4hPaごとに細実線となっています。必要に応じて2hPaごとの破線が補助的に描かれます。

　高気圧や低気圧（台風・熱帯低気圧含む）の中心位置は×で記され、その近くに中心気圧の数字が書かれています。気圧の単位はhPaですが、天気図上での表示は数字のみで単位は省略されます。進行方向や速度の表記はありません。

　高気圧はH（白抜き文字）、温帯低気圧はL（白抜き文字）、熱帯低気圧はTD、台風は強さに応じてTS、STS、Tのマークで表されます。また温暖前線・寒冷前線・停滞前線・閉塞前線も描かれます。これらの記号凡例はASASと同じです（図1-3-2：30ページ）。

　予想天気図なので、ASASのような地上気象観測のデータはありません。

海上の悪天域

　海上悪天予想図は、船舶向けに海上の悪天域の予想も記入されています。海上の悪天域の予想範囲は気象庁の担当海域（南北方向：赤道〜北緯60度、東西方向：東経100度〜東経180度）です。

　霧域（FOG AREA）は濃霧の発生が予想されるエリアで、FSAS24（24時間後の予想天気図）にのみ表示されます。

　強風域は台風や発達した低気圧の中心付近で、30ノット以上の風が予想されるエリアです。そのエリア内には予想される風向風速が矢羽根の形式で記入されています。

　船体着氷域（ICING AREA）は、**船体着氷**（海水のしぶきなどが船体に凍りつく現象）が予想されるエリア、**海氷域（SEA ICE AREA）**は海氷が発生している領域です。

　強風域、船体着氷域、海氷域はFSAS24（24時間後の予想天気図）、FSAS48（48時間後の予想天気図）ともに表示されます。

図4-1-3　海上悪天域の記号凡例

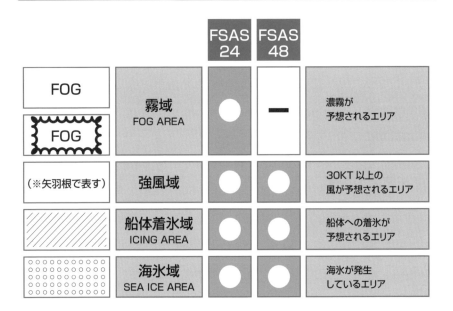

4

予想天気図の種類と読み方

極東500hPa高度・渦度、地上気圧・降水量・海上風予想（FXFE502-507）

「数値予報天気図」のうち、72時間先までの地上気圧・降水量・風の分布、500hPa面の高度・渦度の分布について、数値予報の計算結果をそのまま画像にしたのがFXFE502、FXFE504、FXFE507の3つの天気図です。

天気図基礎情報

名　称	極東地上気圧・降水量・海上風予想図	極東500hPa高度・渦度予想図
対象高度	地上	500hPa（5,700m付近）
発表時刻	毎日　0時 1時 2時 3時 4時 5時 6時 7時 8時 **9時** 10時 11時　12時 13時 14時 15時 16時 17時 18時 19時 20時 **21時** 22時 23時	
書いてある情報（予測）	・等圧線分布 ・高気圧、低気圧の中心位置 ・前12時間降水量分布 ・海上風（風向風速）	・等高度線／高気圧、低気圧の中心 ・等渦度線／正渦度域の分布 ・渦度の極大値と極小値
天気図から読み取ること	72時間先までの ・高気圧・低気圧の位置、発達具合 ・およその降水量を見積もる ・おおまかな風の流れを把握する	72時間先までの ・上空のトラフやリッジの動向 ・特定高度線の動向 　・（夏季）太平洋高気圧の勢力 ・渦度0線と等高度線の関係
備　考	・本天気図は下段側の図	・本天気図は上段側の図
予想時刻と天気図略号の関係		

予想時刻	12時間後	24時間後	36時間後	48時間後	72時間後
略　号	FXFE502		FXFE504		FXFE507

🔵 天気図の概要

　FXFE502、FXFE504、FXFE507は、天気予報などのもととなる数値予報の計算結果をそのまま画像にした数値予報天気図のひとつです。

　下段側に**極東地上気圧・降水量・海上風予想図**が、上段側に**極東500hPa高度・渦度予想図**が配置されていて、FXFE502は12時間後（T=12）と24時間後（T=24）の、

FXFE504は36時間後（T=36）と48時間後（T=48）の、FXFE507は72時間後（T=72）の数値予報結果が掲載されています。

極東地上気圧・降水量・海上風予想図（初期値の時刻：2023年2月1日9時）

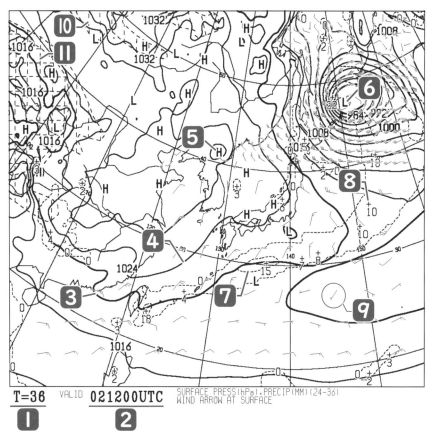

気象庁提供の天気図に筆者加筆

:::
1 36時間後の予想（T=36）
2 予想対象時刻2023年2月2日21時（12UTC）
3 1020hPa等圧線（太実線：20hPaごと）　**4** 1024hPa等圧線（細実線：4hPaごと）
5 高気圧の中心（H）　　　　　　　　　**6** 低気圧の中心（L）
7 10mmの等降水量線（破線：10mmごと）　**8** 前12時間降水量極大値（10mm）
9 海上風（南西の風・5ノット）　　　　　**10** 高標高領域（標高1500m以上）
11 高標高領域（標高3000m以上）
:::

極東500hPa高度・渦度予想図（初期値の時刻：2023年7月14日9時）

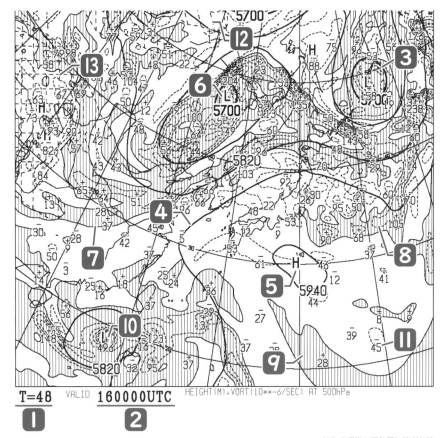

気象庁提供の天気図に筆者加筆

- **1** 48時間後の予想（T=48）
- **2** 予想対象時刻2023年7月16日9時（00UTC）
- **3** 5700m等高度線（太実線：300mごと）　　**4** 5880m等高度線（細実線：60mごと）
- **5** 高気圧の中心（H）　　　　　　　　　　**6** 低気圧の中心（L）
- **7** 等渦度線（渦度0の線）　　　　　　　　**8** 等渦度線（細破線：$40 \times 10^{-6}s^{-1}$ごと）
- **9** 正渦度域（網掛け）　　　　　　　　　　**10** 渦度極大値 $+ 496 \times 10^{-6}s^{-1}$
- **11** 渦度極小値 $- 45 \times 10^{-6}s^{-1}$　　　　　　**12** 高標高領域（標高1500m以上）
- **13** 高標高領域（標高3000m以上）

図4-2-1　FXFE502、FXFE504、FXFE507の図の配置

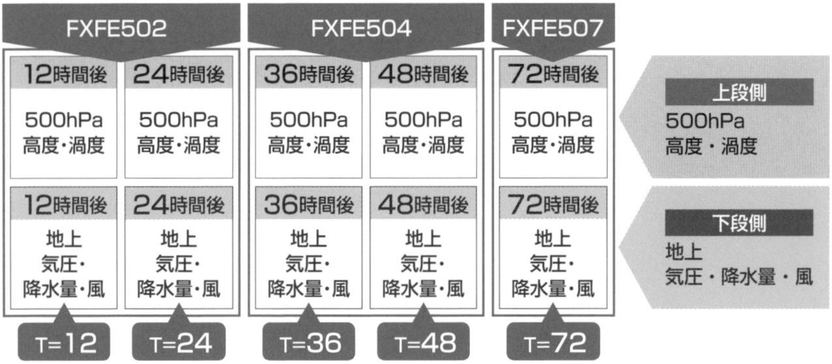

極東地上気圧・降水量・海上風予想図（下段）は、地上の数値予報天気図で、地上気圧（英略語：SURFACE PRESS）、降水量（英略語：PRECIP）、海上風（英略語：WIND ARROW）の分布の数値予報結果が1つの図に描かれています。

一方、極東500hPa高度・渦度予想図（上段）には、500hPa面（高度5700m付近）の等高度線（英略語：HEIGHT）と渦度（英略語：VORT）の分布の数値予報結果が描かれています。

天気図略号のFXFEのFはforecast（予想）、Xはmiscellaneous（さまざまな）、FEはFar East（極東）です。また末尾の数字である502、504、507のうち、50は「500hPaと地上」のことで、2は12・24時間予想図、4は36・48時間予想図、7は72時間予想図を表しています。

FXFE5782、FXFE5784、FXFE577（→4-3：161ページ）と合わせて、72時間先までに予想されている主要な物理量の動向を把握し、明日・あさっての予報を考える一助にします。

上段・下段とも、図の対象高度と要素を度忘れした場合は、図の下側欄外に英略語形式で記されています。

🔵 天気図の見かた（極東地上気圧・降水量・海上風予想図）

　極東地上気圧・降水量・海上風予想図は、地上における気圧と降水量、それから海上風（風向風速）の計算結果を表したものです。一連の天気図の下段側にあり、FXFE502はT＝12（12時間後）とT＝24（24時間後）の、FXFE504はT＝36（36時間後）とT＝48（48時間後）の、それぞれ2図が掲載されています。FXFE507はT＝72（72時間後）の1図のみです。

　地上気圧の単位はhPaで、1000hPaを基準にして20hPaごとに太実線、4hPaごとに実線で等圧線が描かれています。周囲より気圧の高い場所（高気圧・高圧部）にはH、周囲より気圧の低い場所（低気圧・低圧部）にはLのスタンプが押されています。低気圧の種類は区別されず、台風や熱帯低気圧もLのスタンプです。また前線の描画はありません。

　降水量の分布は予想降水量の等値線（**等降水量線**）が破線で描かれています。これについては後で詳しく説明します。

　海上風は、海域における風向風速を矢羽根形式で記しています。この矢羽根の見かたは他の天気図と同じです。北緯40度より北は、海上風の格子間隔が狭くなっており、より詳しく風の分布を見ることができます。

　その他、標高1500m以上の場所は、高標高領域としてハッチがかかっています。高標高領域のハッチの凡例は他の天気図と同じです。

🔵 天気図の見かた（極東500hPa高度・渦度予想図）

　極東500hPa高度・渦度予想図はAXFE（→3-7：134ページ）の図を初期値として行われた数値予報の計算結果を表したものです。一連の天気図の上段側にあり、FXFE502はT＝12（12時間後）とT＝24（24時間後）の、FXFE504はT＝36（36時間後）とT＝48（48時間後）の、それぞれ2図が掲載されています。FXFE507はT＝72（72時間後）の1図のみです。

　この図に描かれている物理量は500hPa面における高度と渦度の分布です。高度分布は5700mを基準として、300mごとに太実線、60mごとに実線で、等高度線の形で描かれています。そして周囲より気圧が高い部分（高気圧・高圧部）にはH、周囲よりも気圧が低い部分（低気圧・低圧部）にはLのスタンプが押されています。

　渦度分布は、正渦度域と負渦度域の境目（渦度0の線）が細実線で描かれ、正渦度側には縦線の網掛けが施されています。負渦度域側は白抜きとなっています。等渦度線（渦度の等値線）は、$40 \times 10^{-6}s^{-1}$ごとに「$-200 \times 10^{-6}s^{-1} \sim +200 \times 10^{-6}s^{-1}$」の範囲で、細破線で描かれています。

　正渦度極大域（正渦度域で渦度の数字が周囲よりも大きな場所）の中心には、＋のスタンプと渦度の数値が記入されています。反対に、渦度が－となっている領域（負渦度域）で、数値がまわりより小さい場所には、－のスタンプと渦度の数値がプロットされています。いずれも「$\blacktriangle\blacktriangle \times 10^{-6}s^{-1}$」の「$\times 10^{-6}s^{-1}$」の部分を省略して、$\blacktriangle\blacktriangle$のみが記されています。

　渦度分布図は小さな渦度域まで細かくびっしりと描かれています。これはコンピューターの計算結果をそのまま画像化しているからで、数値予報天気図の特性といえるかもしれません。これらすべてを気にしていると、大気の全体的な流れが把握できなくなってしまいます。

　そのため天気図を読むときは、ある程度俯瞰して見て、微細な渦度域や細かい数値に囚われすぎないようにする必要があります。基本的には他の天気図と組み合わせて、高気圧や低気圧、前線に対応するまとまった渦度域の動向に注目するようにします。また小さな渦度域でも、今後の天気変化に影響を及ぼしそうな場合は見逃さないようにしたいところです。

図4-2-2　極東500hPa高度・渦度予想図の例

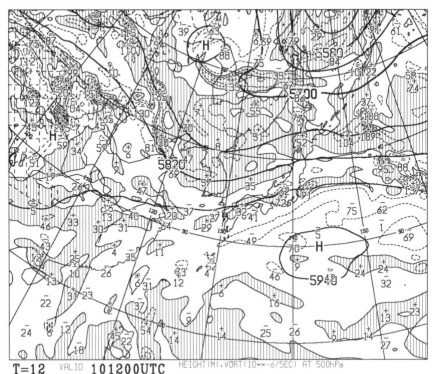

T=12　VALID 101200UTC　HEIGHT(M),VORT(10**-6/SEC) AT 500hPa

天気図は気象庁提供

> **Check!** この図は2023年7月10日9時初期値のT=12（予想対象時刻10日21時）の
> 極東500hPa高度・渦度予想図です。数値予報の計算結果をそのまま画像化した
> ものなので渦度の数値がかなり細かく書かれています。個々の数値ひとつひとつではな
> く、渦度分布の「大まかな傾向」としてとらえるようにします。また他の天気図等も参考
> にしつつ、今後の天気変化に影響しそうな部分のみに注目するようにします。

● 降水量の予想

　極東地上気圧・降水量・海上風予想図における降水量の分布は、破線の等降水量線で
記されています。ここでいう降水量とは予想対象時刻の前12時間（12時間前～予想時
刻）の降水量の合計値です。

　例えば本節冒頭の天気図（153ページ）は2023年2月1日9時を初期値とする36時間後（T=36）の予想図で、2023年2月2日21時について示しています。この図の数値は、2023年2月2日9時（予想時刻の12時間前）～2023年2月2日21時（予想時刻）の12時間のうちに予想される降水量を示しています。

　対象期間中に降水が予想されるエリアが破線で囲まれます（降水量0mm以上の線）。等降水量線は10mmごとに最大50mmまで破線で描かれます。等降水量線は50mmまでで、それ以上は描かれません。つまり降水量の予想値が70mmでも、100mmを超えても、等降水量線が描かれるのは50mmまでです。

　降水量予測の極大値付近には＋のマークと、予想される降水量の数値が描かれています。数値の単位はmm/12Hr（12時間雨量）です。

図4-2-3　降水量予想の見かた

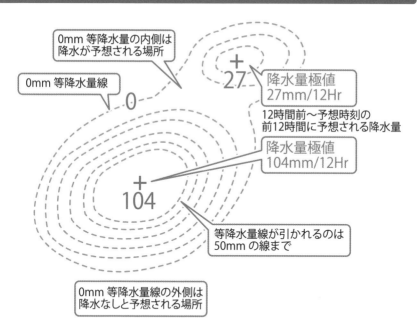

　降水量予測の精度はかなり上がってきていますが、局地的大雨（いわゆるゲリラ豪雨）
や、線状降水帯のような現象は、予測値にうまく反映されないことが多々あります。また
地形に由来する大雨も同様です。

　そのため大気の状態が不安定で積乱雲が発達しやすい気象条件のときは、これらの事
情を考慮して、ある程度の誤差幅を考えた降水量の見積もりが必要になります。

● 500hPa特定高度線

　500hPa天気図の等高度線のうち、解析上特に重要と考えられるのが5400m線、
5700m線、5880m線の3つで、これらを**特定高度線**と言います。

　冬季の5400m線および、夏季の5700m線は、寒帯ジェットと呼ばれるジェット気
流との対応が良いとされます。また5880m線の内側は太平洋高気圧（夏の高気圧）の
勢力圏とされます。

図4-2-4　特定高度線と目安

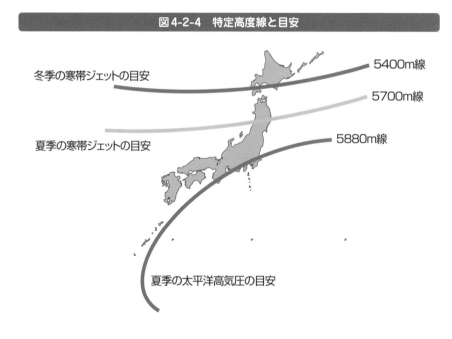

4-3 極東500hPa気温、700hPa湿数、850hPa気温・風、700hPa上昇流予想（FXFE5782-577）

「数値予報天気図」のうち、72時間先までの500hPa面の気温、700hPa面の湿数と鉛直p速度（上昇流・下降流）、850hPa面の気温・風の分布について、数値予報の計算結果をそのまま画像にしたのがFXFE5782、FXFE5784、FXFE577の3つの天気図です。

4

予想天気図の種類と読み方

天気図基礎情報

名　称	極東500hPa気温、700hPa湿数予想図	極東850hPa気温・風、700hPa上昇流予想図
対象高度	気温…500hPa（5,700m付近） 湿数…700hPa（3,000m付近）	気温・風…850hPa（1,500m付近） 鉛直p速度…700hPa（3,000m付近）
発表時刻	毎日　0時 1時 2時 3時 4時 5時 6時 7時 8時 **9時** 10時 11時 12時 13時 14時 15時 16時 17時 18時 19時 20時 **21時** 22時 23時	
書いてある情報（予測）	・500hPaの等温線／寒気・暖気の中心 ・700hPaの湿数の分布／湿域の分布	・850hPaの等温線／寒気・暖気の中心 ・850hPaの風の分布 ・700hPaの鉛直p速度の分布 ・700hPaの上昇気流域
天気図から読み取ること	・顕著な寒気の動向 　・（夏季）積乱雲発達の可能性 　・（冬季）日本海側の大雪の可能性 ・曇りや雨の領域の広がりを把握	・低気圧発達の兆候をつかむ ・寒気移流、暖気移流の様子 ・地上気温（最高・最低）の目安 ・（冬季）雨雪判別の目安 ・850hPaの前線の位置
備　考	・本天気図は上段側の図	・本天気図は下段側の図

予想時刻と天気図略号の関係					
予想時刻	12時間後	24時間後	36時間後	48時間後	72時間後
略　号	FXFE5782		FXFE5784		FXFE577

🌐 天気図の概要

FXFE5782、FXFE5784、FXFE577も数値予報天気図のひとつです。上段側は**極東500hPa気温、700hPa湿数予想図**、下段側は**極東850hPa気温・風、700hPa上**

昇流予想図となっていて、FXFE5782は12時間後（T=12）と24時間後（T=24）の、FXFE5784は36時間後（T=36）と48時間後（T=48）の、FXFE577は72時間後（T=72）の計算結果が掲載されています。

極東500hPa気温、700hPa湿数予想図（初期値の時刻：2022年10月10日9時）

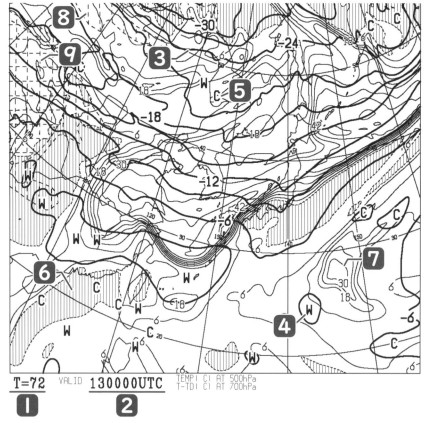

気象庁提供の天気図に筆者加筆

１ 72時間後の予想（T=72）
２ 予想対象時刻：2022年10月13日9時（00UTC）
３ 500hPaの−24℃等温線（太実線：3℃ごと）　４ 500hPaの暖気の中心（W）
５ 500hPaの寒気の中心（C）　　　　　　　　６ 700hPaの湿域（湿数＜3℃の領域）
７ 700hPaの湿数30℃の等値線　　　　　　　　８ 高標高領域（標高1500m以上）
９ 高標高領域（標高3000m以上）

極東850hPa気温・風、700hPa上昇流予想図（初期値の時刻：2023年6月1日9時）

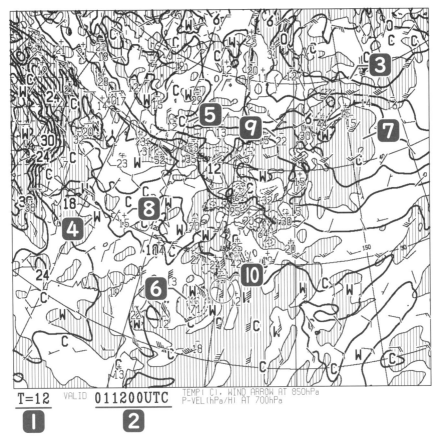

気象庁提供の天気図に筆者加筆

- ① 12時間後の予想（T=12）
- ② 予想対象時刻：2023年6月1日21時（12UTC）
- ③ 850hPaの0℃等温線（太実線：3℃ごと）　④ 850hPaの暖気の中心（W）
- ⑤ 850hPaの寒気の中心（C）
- ⑥ 700hPaの鉛直p速度等値線（細破線：20hPa/Hrごと）
- ⑦ 700hPaの上昇流域（網掛け）　⑧ 700hPaの下降流極値＋15hPa/H
- ⑨ 700hPaの上昇流極値－22hPa/H　⑩ 850hPaの風（南・65ノット）

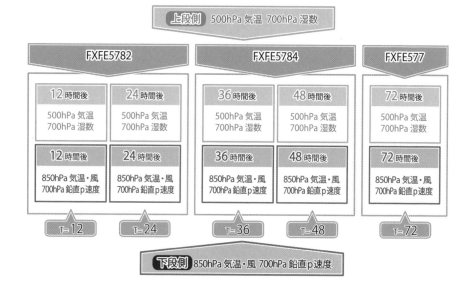

図4-3-1　FXFE5782、FXFE5784、FXFE577の図の配置

　極東500hPa気温、700hPa湿数予想図（上段）には、500hPa面の気温（英略語：TEMP）、700hPa面の湿数（英略語：T-TD）、それぞれの数値予報計算結果が描かれています。一方の極東850hPa気温・風、700hPa上昇流予想図（下段）には、850hPa面の気温（英略語：TEMP）と風（英略語：WIND ARROW）、700hPa面の鉛直p速度（英略語：P-VEL）の数値予報計算結果が描かれています。

　いずれも天気図を読むときは、異なる高度の物理量が1つの図の中に描かれている点に注意する必要があります。

　天気図略号のFXFEのFはforecast（予想）、Xはmiscellaneous（さまざまな）、FEはFar East（極東）です。また末尾の数字で5782と5784の578は「500hPaと700hPaと850hPa」のことで、2は12・24時間予想図、4は36・48時間予想図を表しています。577の57は「500hPaと700hPaと850hPa」、7は72時間予想図です。FXFE502、FXFE504、FXFE507（→4-2：152ページ）と合わせて、72時間先までに予想されている主要な物理量の動向を把握し、明日・あさっての予報を考える一助にします。上段・下段とも、図の対象高度と要素を度忘れした場合は、図の下側欄外に英略語形式で記されています。

● 天気図の見かた（極東500hPa気温、700hPa湿数予想図）

　極東500hPa気温、700hPa湿数予想図（上段）は500hPa面における気温と、700hPa面における湿数の分布の計算結果が描かれています。500hPa面の気温分布は等温線によって記されます。等温線は0℃を基準に3℃ごとの太実線となっています。そして暖気の中心にはW、寒気の中心にはCのスタンプが押されています。

　700hPa面の湿数も、湿数の等値線という形で記されます。湿数の等値線は6℃ごとの細実線です。湿数3℃の等値線だけは細破線で、その内側（湿数3℃未満）の湿域に縦線の網掛けが施されています。湿域の部分は、天気の変化に影響を与えるような雲が発生する可能性がある領域です。高標高領域にはハッチがかかっています。

● 天気図の見かた（極東850hPa気温・風、700hPa上昇流予想図）

　極東850hPa気温・風、700hPa上昇流予想図（下段）は850hPa高度における気温と風の分布、700hPa高度における鉛直p速度の分布の計算結果が描かれています。

　この天気図の基本的な見かたはAXFE578（→3-7：132ページ）の下段にある極東850hPa気温・風、700hPa上昇流解析図と同じです。

　850hPa高度の気温を示す等温線は0℃を基準に、3℃ごとに太実線で描かれています。また周囲より気温の高い場所にはW、気温の低い場所にはCのスタンプが押されています。

　850hPa高度の風（風向風速）は約300km間隔に矢羽根形式で記されています。

　700hPa高度の鉛直p速度の分布は、20 (hPa/H) ごとに細破線で描かれています。上昇流域（鉛直p速度＜0）の領域に縦線の網掛けが施されています。また上昇流の極値には−、下降流の極値には＋のスタンプが押され、その数値の絶対値「○○hPa/H」の「○○」の部分のみが記されています。

　鉛直p速度の分布は、渦度の分布（→4-2：158ページ）と同様に、かなり細かく数値が記入されています。また寒気・暖気のスタンプもかなりたくさん押されています。これは数値予報の計算結果をそのまま画像化していることに由来しています。これらひとつひとつの数値等を細かく見すぎると、かえって分かりにくくなるので、そうではなく、全体的な傾向を把握するように心がけます。また他の天気図も参照しながら、天気変化に影響を及ぼすものをピックアップして検討するようにします。

　高標高領域にはハッチがかかっています。

4

予想天気図の種類と読み方

● 500hPa面の寒気の動向を探る

　500hPa面の気温分布は上空の寒気を見るのによく使われます。上空に寒気が流れ込むと大気の状態が不安定になり、積乱雲が発達して大雨の危険性が高まります。また落雷や突風などの激しい現象が起きる可能性もあります。冬季であれば日本海側や山間部では大雪に警戒が必要になります。

　夏季の大気不安定のひとつの目安として、500hPa面で−6℃以下の寒気というのがあります。そのため−6℃の等温線の動向に注意する必要があります。

図4-3-2　大気不安定が予想されている事例

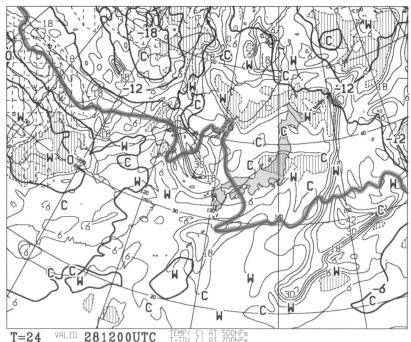

気象庁提供の天気図に筆者加筆

> **Check!** 2023年6月27日21時初期値の極東500hPa気温、700hPa湿数予想図。24時間後（T=24）の6月28日21時の予想図です。500hPa面で−6℃の線が北海道、本州の大部分、四国の一部を覆っていて、上空に強い寒気が流れ込む予想となっています。この日は実際に全国各地で激しい雷雨となり、突風被害も相次ぎました。

冬季の寒気の目安としては日本海側の場合、500hPa面で−30℃以下のときは雪の可能性が、−36℃以下のときは大雪の可能性があると言われています。よくテレビの天気予報などで「上空5400m付近で−36℃の寒気」などと表現されているのは、この500hPa気温分布にもとづいたものです。

図4-3-3　日本海側での大雪が予想されている事例

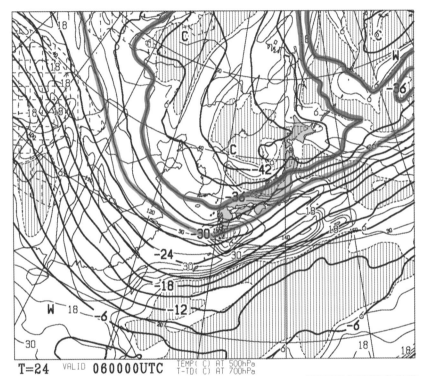

T=24　VALID 060000UTC　TEMP(C) AT 500hPa
T-TD(C) AT 700hPa

気象庁提供の天気図に筆者加筆

> **Check!** 2018年2月5日9時初期値の極東500hPa気温、700hPa湿数予想図。24時間後（T=24）の2月6日9時の予想図です。500hPa面で−30℃の線が九州をすっぽり覆っていて、大雪の目安となる−36℃の線が北日本〜本州日本海側にかかる見込みとなっています。このときは北陸を中心に1981年以来の記録的な大雪となりました。

● 850hPa面の気温における注目点

850hPa面の大気は地面の影響がほとんどなくなるため、対流圏下層の寒気や暖気の動向を把握するのに最適な高度です。そのため地上の最高・最低気温の目安、冬季の雨雪判定などに使われます。

地域や季節、そのときの気象条件によってかなり変動するため、あくまで参考程度ではありますが、850hPaの気温をもとにした地上の最高・最低気温の目安として、

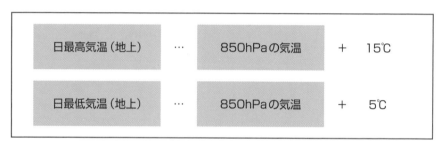

| 日最高気温（地上） | … | 850hPaの気温 | + | 15℃ |
| 日最低気温（地上） | … | 850hPaの気温 | + | 5℃ |

というのがあります。

天気予報などで「上空1500m付近に15℃の暖気があると30℃近くまで上がる可能性、18℃の暖気があると30℃を超える可能性」というのが紹介されることがありますが、これは850hPaの気温と地上最高・最低気温の大まかな関係を利用したものです。

図4-3-4　厳しい暑さが予想されている事例

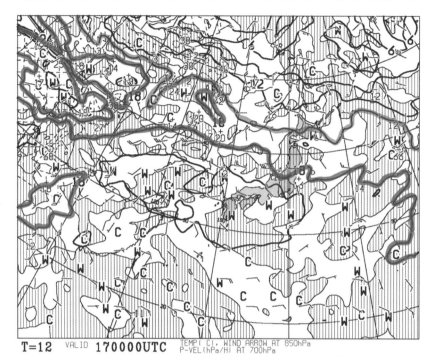

気象庁提供の天気図に筆者加筆

Check! 2020年8月16日21時初期値の極東850hPa気温・風、700hPa上昇流予想図。12時間後（T=12）の8月17日9時の予想図です。北日本以外850hPa面で＋18℃以上の暖気に包まれる予想で、東海以西は＋21℃以上の暖気となっています。この日は広範囲で危険な暑さとなり、静岡県浜松市で41.1℃の最高気温を記録しました。

　冬季の雨雪判別では、おおまかな目安として、「850hPaの気温が0℃以下なら山で雪、－6℃以下なら平地で雪」というのがあります。

　平地におけるより詳しい雨雪判別の目安には、850hPaの気温が－6℃以下は雪、－3℃～－6℃は雪か雨、0～－3℃で雨か雪、0℃以上は雨というのがあります。ただこれはあくまで判断材料にひとつに過ぎず、実際にはさまざまな資料を組み合わせて検討する必要があります。

　また850hPa面は高度1500m付近に相当するため、登山などで標高の高い地域の気温を見積もるときの参考にします。

● 前線の予想を把握

　数値予報天気図には前線が描かれていません。そこで850hPaの気温分布などをもとにして、他の物理量なども参考にしながら前線の大まかな位置を解析します。

　850hPaで等温線が帯状に混みあっていたり、風がぶつかるように吹いていたりする場所は要チェックです。また湿域や上昇流域が帯状に伸びている場所にも前線があるかもしれません。

　それから地上天気図の予想図で低気圧が予想されていて、中心から東西方向に等温線の混んでいる部分がのびているところにも前線があります。低気圧の周辺に強い温度移流（3-7：136ページ）がある場合は、今後その低気圧が急速に発達する可能性があります。また、等温線の混んでいる場所に強い上昇流域が見られるときは、前線活動が活発であることが示唆されます。大雨に注意が必要です。

　なお梅雨前線は、等温線の混み具合がはっきりしないことも多く、その場合は等相当温位線（4-4：174ページ）などと合わせて位置を推定します。

4-4 日本850hPa風・相当温位予想図（FXJP854）

下層に暖かく湿った空気が流れ込むと、大気の状態が非常に不安定となって、大規模災害につながるような記録的な大雨となるおそれがあります。この暖かく湿った空気の状況を把握するのに使われるのが日本850hPa風・相当温位予想図です。

天気図基礎情報

名　称	日本850hPa風・相当温位予想図			
対象高度	850hPa（1,500m付近）			
発表時刻	毎日　0時 1時 2時 3時 4時 5時 6時 7時 8時 **9時** 10時 11時 12時 13時 14時 15時 16時 17時 18時 19時 20時 **21時** 22時 23時			
書いてある 情報（予測）	・850hPaの等相当温位線 ・850hPaの風向風速			
天気図から 読み取ること	・顕著な前線の動向を把握 ・大雨の可能性（暖かく湿った空気の流入など）			
備　考	12時間後、24時間後、36時間後、48時間後の4図が1枚にまとめられている			
予想時刻と天気図略号の関係				
予想時刻	12時間後	24時間後	36時間後	48時間後
略　号	FXJP854			

🌐 天気図の概要

　日本850hpa風・相当温位予想図（FXJP854）は、数値予報の計算結果をそのまま画像化した数値予報天気図のひとつです。850hPa面の相当温位（英略語：E.P.TEMP）と風（英略語：WIND）の分布の計算結果が記されています。12時間後（T=12）、24時間後（T=24）、36時間後（T=36）、48時間後（T=48）の4つの図が1枚にまとめられています。

日本850hPa風・相当温位予想図の例（初期値の時刻：2023年5月31日9時）

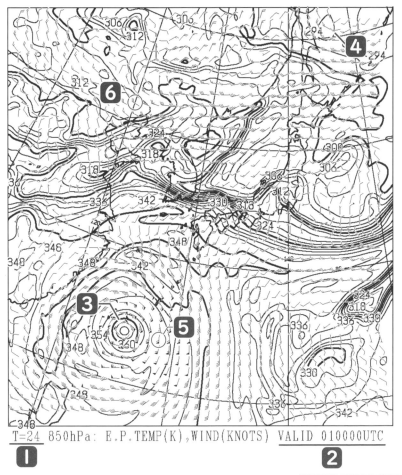

T=24 850hPa: E.P.TEMP(K),WIND(KNOTS) VALID 010000UTC

気象庁提供の天気図に筆者加筆

- **1** 24時間後の予想（T=24）
- **2** 予想対象時刻：2023年6月1日9時（00UTC）
- **3** 360Kの等相当温位線（太実線15Kごと）　**4** 294Kの等相当温位線（細実線3Kごと）
- **5** 南の風　60ノット　**6** 西の風　20ノット

図4-4-1　FXJP854の配置

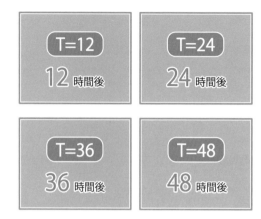

相当温位（θ_e）は、温位（θ）に水蒸気の潜熱の効果を加味した物理量で、単位は絶対温度（K：ケルビン）です。実用上は、相当温位の数値が大きいほどに空気は暖かく湿っていて、反対に数値が小さいほど空気は冷たく乾燥していると見ることができます。そのため、大雨につながるような暖かく湿った空気の動向の監視に使われます（→相当温位について詳しくは2-5；80ページ）。

天気図略号のFXJPのFはforecast（予想）、Xはmiscellaneous（さまざまな）、JPはJapan（日本周辺域）、854は「850hPaの12・24・36・48時間予想図」です。図の対象高度と要素を度忘れした場合は、図の下側欄外に英略語形式で記されています。

🔵 天気図の見かた

日本850hPa風・相当温位予想図（FXJP854）は、12時間ごとに48時間先までの予想の4つの図が1枚の天気図として出力されています。左上が12時間後、右上が24時間後、左下が36時間後、右下が48時間後という順に並んでいます。各図の左下にはT=●●という形で、●●時間後の予想天気図というラベルがつけられています。また、各図の右下には、VALID XXXXXXUTCというかたちで予想対象時刻が記されています。

この予想図は、850hPa面における風と相当温位の分布の数値予報計算結果が描かれています。風は約100kmの格子間隔で描かれ、風向風速が矢羽根形式で記されています。

相当温位の分布は**等相当温位線**（相当温位の等値線）によって描かれています。等相当温位線は300Kを基準に15Kごとに太実線で、3Kごとに実線となっています。

● 大雨の可能性をチェック

梅雨末期や台風接近などで、日本付近に南から暖かく湿った空気が次々流れこむようになると、大気の状態が非常に不安定となって、大規模災害をもたらすような記録的大雨が引き起こされる恐れがあります。

夏季の等相当温位線の目安としては330K線の内側は「暖かく湿った空気（**高相当温位域**）」で、339K線の内側は大雨に警戒が必要な領域です。

また高相当温位域内の850hPa面で吹く強い風（風速50ノット以上）を**下層ジェット**と言い、これも大雨の兆候となります。850hPaの天気図（AUPQ78）なども確認し、下層ジェットの有無を見逃さないようにします。

梅雨前線の解析

ふつう停滞前線のある場所は等相当温位線、等温線ともに帯状に混んでいます。しかし梅雨前線（特に西日本や梅雨期後半のもの）は南北方向の温度差が比較的小さく、等温線の形状から前線の位置を特定するのが難しいことも少なくありません。

一方で、梅雨前線では前線の南北で水蒸気量の差が顕著に出るので、水蒸気量も考慮された物理量である等相当温位線には、前線の形がわりとはっきり出やすい傾向があります。

一例として2020年6月28日9時の梅雨前線の例を示します。AXFE578の850hPa気温分布では等温線の形状から前線の位置が推定しづらいですが、AXJP854の850hPa相当温位分布予想では、西日本を中心に等相当温位線の形状が梅雨前線に対応しています。図4-4-2をご参照下さい。

図4-4-2　梅雨前線と850hPa気温・相当温位の分布の例

SPAS　本州南岸〜四国・九州の南にかけて梅雨前線が東西にのびる

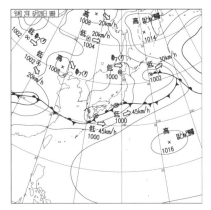

2020年6月28日9時

AXFE578　850hPa気温分布では前線が不明瞭

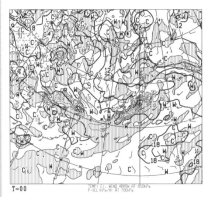

FXJP854　相当温位分布は西日本以西で前線が明瞭

天気図はいずれも気象庁提供

4

予想天気図の種類と読み方

第5章

中・長期予報に
関わる天気図

第4章で紹介した予想天気図は、おもに短期
予報（今日・明日・あさっての天気予報）に使わ
れるものです。天気予報には、ほかにも1週間先
までの天気や気温などを予想した週間天気予報
（中期予報）があります。そして、1か月、3か月
といったより長期的な天候の見通しを示した季
節予報（長期予報）もあります。ここでは中・長
期予報はどのようなものなのを説明し、それに
関する天気図などの解説資料について紹介しま
す。

5-1 天気予報の種類

第5章は、週間天気予報や季節予報など、中・長期的な天気予報に関する天気図や解説資料を取り上げます。そこでまず、天気予報とか何か、天気予報にはどのような種類があるのか、その概要を紹介していきます。

● 天気予報と関連する法令

天気予報に関することは、**気象業務法**および、施行令・施行規則などの法令で細かく定められています。気象業務法では

> この法律において「予報」とは、観測の成果に基づく現象の予想の発表をいう。
> （気象業務法第二条の6）

と定義されています。そして、

> 気象庁は、政令の定めるところにより、気象、地象（地震にあつては、地震動に限る。第十六条を除き、以下この章において同じ。）、津波、高潮、波浪及び洪水についての一般の利用に適合する予報及び警報をしなければならない。ただし、次条第一項の規定により警報をする場合は、この限りでない。（気象業務法第十三条）

と定められています。気象庁はこの法令に基づき気象観測を行い、科学的手法を用いて予報を作成し、そして一般に公開しています。

また天気予報の種類は、気象業務法施行令にて次のように定められています。

かつては気象庁以外の者が、一般向けの天気予報を独自に発表することはできませんでした。しかし多様化する利用者のニーズにきめ細やかに対応できるよう、1993年に気象業務法が改正され、民間気象事業者も一般向けの天気予報を発表できるようになりました。これが**天気予報の自由化**と呼ばれるものです。

法第十三条第一項の規定による気象、地象、津波、高潮、波浪及び洪水についての一般の利用に適合する予報及び警報は、定時又は随時に、次の表の上欄に掲げる種類に応じ、それぞれ同表の下欄に掲げる内容について、国土交通省令で定める予報区を対象として行うものとする。

種類	内容
天気予報	当日から三日以内における風、天気、気温等の予報
週間天気予報	当日から七日間の天気、気温等の予報
季節予報	当日から一箇月間、当日から三箇月間、暖候期、寒候期、梅雨期等の天気、気温、降水量、日照時間等の概括的な予報

(気象業務法施行令第四条／表は一部のみ抜粋)

しかし、天気に関する情報は、一定の品質を確保しなければ、国民生活に混乱をきたし、防災上の危険を生じる可能性もあります。そのため、気象庁以外の民間気象事業者が天気予報などの業務（**予報業務**）を行う場合は、以下のように法令で定められています。

気象庁以外の者が気象、地象、津波、高潮、波浪又は洪水の予報の業務（以下「予報業務」という。）を行おうとする場合は、気象庁長官の許可を受けなければならない。（気象業務法第十七条）

第十九条の二　次の各号のいずれかに該当する者は、当該予報業務のうち気象又は地象の予想を行う事業所ごとに、国土交通省令で定めるところにより、気象予報士（第二十四条の二十の登録を受けている者をいう。以下同じ。）を置かなければならない。この場合において、当該気象又は地象の予想については、気象予報士に行わせなければならない。
一　気象又は地象の予報の業務をその範囲に含む予報業務の許可を受けた者
二　気象関連現象予報業務をその範囲に含む予報業務の許可を受けた者（前号に掲げる者を除く。）であつて、当該気象関連現象予報業務のための気象の予想を行うもの（気象業務法第十九条の二）

つまり、気象庁以外のものが天気予報を行うときは、気象予報士を適切に配置したうえで、気象庁長官の許可を受ける必要があるのです。

※法令等の条文は2024年1月1日時点で確認したものです。法令は適宜改正が行われるため、最新のものをご確認ください。

天気予報の種類

　気象庁が発表する一般向けの天気予報は、予報対象期間ごとに短時間予報・短期予報・中期予報・長期予報（季節予報）に分けられています。それぞれの予報対象期間は、短時間予報は「目先3時間程度」、短期予報は「あさってまで」、中期予報では「1週間先まで」、長期予報では「数か月先まで」となっています。

図5-1-1　天気予報の種類の一覧

		予報の種類	予報の内容	予報期間
短時間予報	～3時間先	降水ナウキャスト	降水の強さ	1時間先まで
		雷ナウキャスト	雷の激しさ	1時間先まで
		竜巻発生確度ナウキャスト	竜巻などの激しい突風の発生のしやすさ	1時間先まで
短期予報	3時間先～2日先	降水短時間予報	1時間雨量の分布	15時間先まで
		府県天気予報	天気、気温（最高/最低）風、波、降水確率	あさってまで
		天気分布予報	天気、降水量、気温、最高・最低気温、降雪量	あす24時まで
		地域時系列予報	天気、風、気温、最高・最低気温	あす24時まで
中期予報	2日先～7日先	週間天気予報	天気、気温（最高/最低）降水確率、信頼度	7日先まで
長期予報	7日先～6か月先	2週間気温予報	日ごとの予想平均気温（予想日の前後5日間平均）	8日先から12日先まで
		早期天候情報	極端な高温・低温、降雪量が見込まれるとき	6日先から14日先まで
		1か月予報	気温、降水量、日照時間、降雪量など	次の土曜日から向こう1か月間
		3か月予報	気温、降水量、降雪量など	翌月から向こう3か月間
		暖候期予報	夏の気温、降水量、梅雨期の降水量	暖候期（5月～8月）
		寒候期予報	気温、降水量、日本海側の降雪量など	寒候期（10月～翌2月）

 短期予報

　天気予報のうち予報期間があさってくらいまで（より正確には3時間先から2日先までの範囲）と比較的短期間なものを**短期予報**と言います。その代表的は今日・明日・あさっ

てまでの天気や気温、風、降水確率などを予報した**府県天気予報**です。一般に単に天気予報というと、この府県天気予報を指すことが多く、もっともなじみのある天気予報形態と言えるでしょう。そのほかにも、全国的な天気分布の傾向が一目でわかる地図形式の**天気分布予報**や、ある地点の3時間ごとの天気の変化を表形式にした**地域時系列予報**などもあります。府県天気予報は1日3回(5時·11時·17時)の定時発表が基本ですが、天気の急変などがあった場合は、その都度予報が修正されます。

Column

短時間予報

短時間予報は3時間先以内の予報で、雨や雪の降りかたの見通しなどを、素早くきめ細やかに見ることができます。代表的なものとして、**降水ナウキャスト**(1時間先までの降水の強さの見通し。いわゆる雨雲の動き)、**雷ナウキャスト**(1時間先までの雷の激しさの見通し)、**竜巻発生確度ナウキャスト**(1時間先までで、竜巻などの激しい突風が発生しやすいかどうかを示したもの)が挙げられます。

降水短時間予報(1時間降水量の予想)は15時間先まで予想したもので、名前は「短時間予報」ですが、短期予報(天気予報)のひとつとして扱われています。

図5-1-2　降水ナウキャストの例

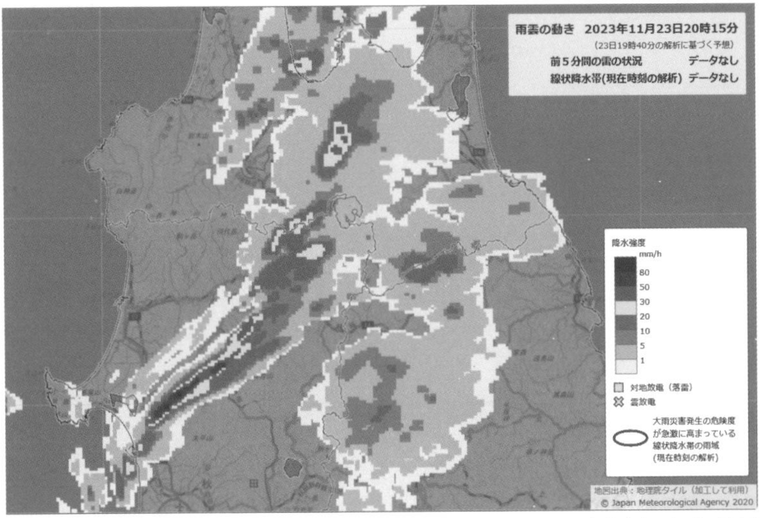

気象庁ホームページより

● 中・長期予報

　2日先から7日先までの予報を**中期予報**、7日以上先から6か月先までの予報を**長期予報（季節予報）**と言います。

　中期予報の代表的なものは7日先までの天気や気温などの予報を示した**週間天気予報**です。週間天気予報については5-2（186ページ）で詳しく紹介します。

　長期予報（季節予報）は、長期的な天候の見通しを示したもので、**1か月予報**、**3か月予報**、**暖候期予報・寒候期予報**が挙げられます。これらについては5-3（192ページ）で詳しく紹介します。

　もうひとつ2019年から提供開始となった情報に**2週間気温予報**と**早期天候情報**があります。2週間気温予報は8日先から12日先までについて、気温の変化の目安を示したものです。また6日先から14日先までの間に、その時期としては10年に1度あるかどうかの極端な高温や低温、降雪量（冬季日本海側）が予想されるときは、早期天候情報が発表されます。これらは予報期間が7日先を超えているため、予報の種類としては長期予報（季節予報）に区分されます。

● 2週間気温予報と早期天候情報

　2週間気温予報は、週間天気予報より先の8日先～12日先について、気温の見通しを示したものです。図5-1-3は気象庁ホームページでの実際の発表例です。

　当日と書かれている部分が予報発表日、その左側にある「過去の実況」が、これまで実際に観測された気温の推移です。当日の右側にある「1週目の予報（日別）」は、府県天気予報や週間天気予報の予想値となっています。そしてその右側にある「2週目の予報（5日間平均）」が2週間気温予報の部分です。書かれているのは8日先～12日先までの日付で、それぞれの日について、前後合わせて5日間の予想気温の平均値が書かれています。例えば図5-1-3の場合、12月1日は11月29日～12月3日の5日間の予想値の平均です。

　それから週間天気予報の予測値と、2週間気温予報の部分は、「予測範囲」として予想の振れ幅が記されています。この「予測範囲」が広く取られているときは、振れ幅が大きく、予想が当たりにくい状況と言えます。

図5-1-3　2週間気温予報の例（2023年11月23日発表）

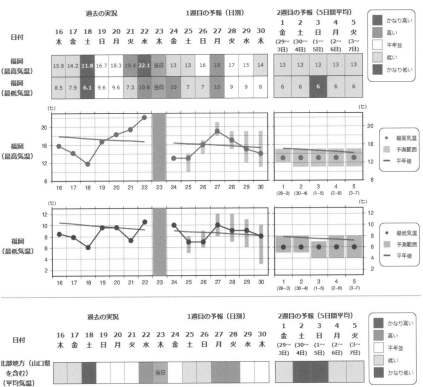

気象庁ホームページより

　そして6日先から14日先までの間で、気温がこの時期の平年値よりも「かなり高い」か「かなり低い」と予想される場合は、高温や低温に関する**早期天候情報**が発表されます。

　また冬季日本海側で平年に比べて極端に多い降雪量が予想される場合も同様に、大雪に関する早期天候情報が発表されます。

図5-1-4　高温に関する早期天候情報の例（2023年7月10日発表）

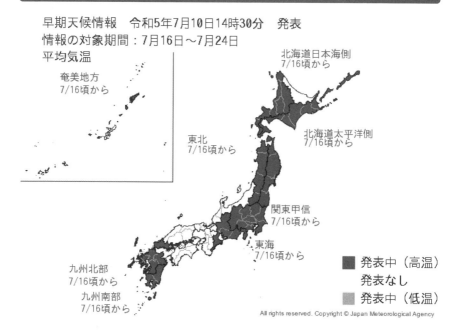

早期天候情報　令和5年7月10日14時30分　発表
情報の対象期間：7月16日～7月24日
平均気温

奄美地方
7/16頃から

北海道日本海側
7/16頃から

北海道太平洋側
7/16頃から

東北
7/16頃から

関東甲信
7/16頃から

東海
7/16頃から

九州北部
7/16頃から

九州南部
7/16頃から

■ 発表中（高温）
　発表なし
■ 発表中（低温）

高温に関する早期天候情報（関東甲信地方）
令和5年7月10日14時30分　気象庁発表
関東甲信地方　7月16日頃から　かなりの高温
かなりの高温の基準：5日間平均気温平年差　＋2.5℃以上

　関東甲信地方の向こう2週間の気温は、暖かい空気に覆われやすいため高い日が多く、かなり高い日もあるでしょう。
　熱中症の危険性が高い状態が続きます。引き続き、屋外での活動等では飲料水や日陰を十分に確保したりするなど熱中症対策を行い、健康管理等に注意してください。また、農作物や家畜の管理にも注意してください。
　なお、1週間以内に高温が予測される場合には高温に関する気象情報を、翌日または当日に熱中症の危険性が極めて高い気象状況になることが予測される場合には熱中症警戒アラートを発表しますので、こちらにも留意してください。

図・文字情報ともに気象庁提供

図5-1-5　大雪に関する早期天候情報の例（2023年11月23日発表）

早期天候情報　令和5年11月23日14時30分　発表
情報の対象期間：11月29日～12月7日
降雪量

東北日本海側
11/30頃から

■ 発表中
■ 発表なし

大雪に関する早期天候情報（東北地方）
令和5年11月23日14時30分
仙台管区気象台発表
東北日本海側　11月30日頃から　大雪
大雪の基準：5日間降雪量平年比
226%以上
　11月30日頃から寒気が強まるため、東北日本海側を中心に降雪量が多くなり、この時期としては平年よりかなり多くなる可能性があります。
　農作物の管理や、除雪の対応などに注意してください。また、今後の気象情報等に留意してください。

＜参考＞
この期間の主な地点の5日間降雪量の平年値は、以下の通りです。

地点	平年値
五所川原	9センチ
青森	13センチ
弘前	11センチ
酸ケ湯	45センチ
鷹巣	7センチ
秋田	3センチ
	（以下省略）

図・文字情報ともに気象庁提供

中・長期予報に関わる天気図

5

週間天気予報はテレビでもおなじみの1週間先までの天気予報です。週間天気予報の概要と見かた、2021年～2023年にかけて行われた仕様の変更についても解説します。

● 週間天気予報の改良

　天気予報のうち、2日先～7日先を対象としたものを**中期予報**といい、**週間天気予報**はその代表とも言えます。なお気象庁ホームページのリニューアルに伴い、2021年～2023年にかけ、週間天気予報関連で発表される情報の仕様変更が行われました。これまで週間天気予報関連の資料として、全般週間天気予報、地方週間天気予報、府県週間天気予報、週間天気予報解説資料、そして予測資料群（数値予報結果を記した天気図類）が発表されていました。このうち全般週間天気予報は2022年1月31日、地方週間天

図5-2-1　週間天気予報の種類と変更点

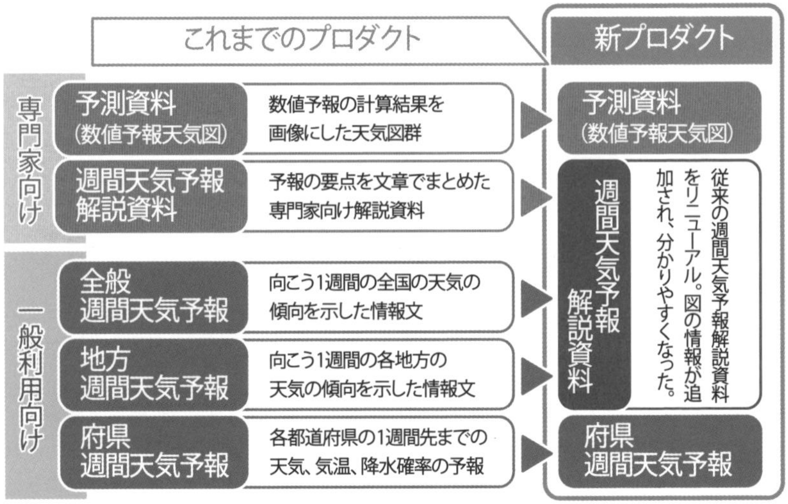

気予報は2023年3月21日（火）を最後に、それぞれ発表終了となり、週間天気予報解説資料への統合が行われました。あわせて、これまで専門家向けだった週間天気予報解説資料の様式が改められ、より分かりやすくなりました。

● 週間天気予報の種類

　現在一般向けに発表されている週間天気予報は**府県週間天気予報**です。都道府県単位（地域によって多少の例外あり）での向こう1週間の予報を表したもので、これについては従来通りで変更はありません。発表される情報は都道府県ごとの7日先までの予報（天気、最高・最低気温、降水確率）、それから信頼度、降水量と気温の平年値です。1日2回（11時ごろ・17時ごろ）に発表されています。テレビなどでおなじみの週間天気予報の多くはこれをベースにしています。平年値は、気温は予報4日目における最高・最低気温の平年値、降水量は予報期間7日間の降水量合計の平年並の範囲が記されます。

図5-2-2　府県週間天気予報の例

宗谷地方の天気予報（6日先まで）							
2023年10月22日05時　稚内地方気象台　発表							
日付	今日 22日(日)	明日 23日(月)	明後日 24日(火)	25日(水)	26日(木)	27日(金)	28日(土)
宗谷地方	曇後一時雨	晴一時雨	晴時々曇	曇時々晴	曇時々晴	曇	曇一時雨
降水確率(%)	-/30/30/50	50/10/0/0	20	30	30	40	50
信頼度	-	-	A	A	A	B	C
稚内 気温 (℃) 最高	11	12	17 (15〜19)	17 (15〜20)	17 (15〜19)	14 (11〜16)	11 (8〜14)
最低	-	8	11 (9〜13)	12 (10〜14)	10 (8〜13)	9 (7〜12)	8 (4〜11)
	向こう一週間（今日から6日先まで）の平年値						
	降水量の7日間合計			最低気温		最高気温	
稚内	平年並 16 - 31mm			6.4℃		12.1℃	

気象庁ホームページより

　ちなみに廃止された**全般週間天気予報**（2022年1月31日提供終了）は向こう1週間の全国的な天気変化の傾向を、**地方週間天気予報**（2023年3月31日提供終了）は地方単位での天気変化の傾向を示したもので、いずれも文字情報のみでの提供でした。

5

中・長期予報に関わる天気図

図5-2-3　全般週間天気予報・地方週間天気予報の例

全般週間天気予報

7日先までの全国的な天気の傾向を
示した文字情報

例 全般週間天気予報

平成 26 年 10 月 3 日 10 時 55 分
気象庁予報部発表

予報期間　10 月 4 日から 10 月 10 日まで

　北海道地方では、天気は数日の周期で変わる見込みです。
　東北地方から西日本にかけては、期間の前半は気圧の谷や湿った気流の影響で曇りや雨の日が多いですが、後半は高気圧に覆われて概ね晴れるでしょう。
　沖縄・奄美は、台風第 18 号や湿った気流の影響で雲が広がりやすく、期間のはじめは雨の降る所がある見込みです。
　なお、台風第 18 号の影響で、4 日から 5 日にかけては沖縄・奄美で、5 日から 6 日にかけては西日本から北日本で大荒れとなる所があり、7 日も北日本では影響が残るおそれがあります。また、太平洋側の地方を中心に大雨となる所があるでしょう。
　最高気温・最低気温ともに、北海道地方は平年並か平年より低いでしょう。東北地方から西日本にかけては、期間のはじめと終わりは平年並か平年より高く、期間の中頃は平年並か平年より低い所が多いでしょう。沖縄・奄美は、平年並か平年より高い見込みです。

地方週間天気予報

各地方ごとの 7 日先までの
天気の傾向を示した文字情報

例 東海地方週間天気予報

平成 26 年 10 月 3 日 16 時 30 分
名古屋地方気象台発表

予報期間　10 月 4 日から 10 月 10 日まで

　向こう一週間は、期間の前半は台風第 18 号や湿った気流の影響で雲が広がりやすく、雨の降る日が多いでしょう。その後は高気圧に覆われて概ね晴れる見込みです。
　なお、6 日頃は台風第 18 号の影響を受けるおそれがあり、大荒れの天気となり大雨となる所があるでしょう。
　最高気温と最低気温はともに、平年並か平年より高く、期間のはじめは平年より低い日がある見込みです。
　降水量は平年より多いでしょう。

全般週間天気予報、地方週間天気予報の文字情報はいずれも気象庁提供

　週間天気予報解説資料は週間天気予報の根拠などについて解説した資料で、1日1回（10時ごろ）発表されます。従来は気象予報士などの専門家向け資料でしたが、2021年12月15日から様式が刷新され、より分かりやすくなるよう改善が施されました。

　予測資料群は、週間天気予報を行うために作成される数値予報天気図で、**週間予報支援図**（FXXN519→5-5；205ページ）、**週間予報支援図（アンサンブル）**（FZCX50→5-6；212ページ）、**週間アンサンブル予想図**（FEFE19→5-6コラム；222ページ）が挙げられます。

図5-2-4　週間天気予報解説資料の例

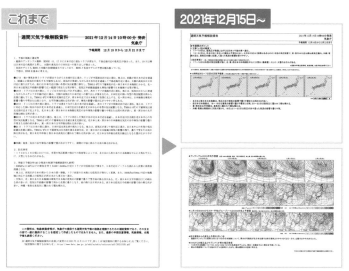

解説資料はいずれも気象庁提供

週間天気予報の精度

　気象庁によると、2022年に発表された週間天気予報の全国平均の適中率（降水の有無）は、3日目の予報で82%、5日目の予報で78%、7日目の予報（予報対象期間の最終日）では74%という結果が出ています。

図5-2-5　週間天気予報の適中率（2022年全国平均）

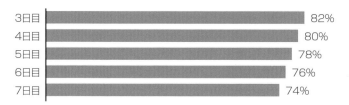

3日目	82%
4日目	80%
5日目	78%
6日目	76%
7日目	74%

全国平均　降水の有無の適中率

気象庁ホームページをもとに作成

　年々予報の精度が改善されつつあるとはいえ、予報対象期間の後半に行くほどその適中率が低くなる傾向があります。これには天気予報作成過程でどうしても生じてしまうわずかな誤差、そしてそのわずかな誤差が時間とともに「成長」してしまうカオスという特性などが関係しており、やむを得ないものです（→詳しくは5-4：199ページ）。

そのため現時点で天気、最高・最低気温などを細かく示す具体的な予報は、誤差による影響がぎりぎり許容範囲内の7日先までとなっています。

天気予報にも難易度がある

「わずかな誤差が時間とともに成長してしまう」という特性によって、週間天気予報は期間の後半にいくほどどうしても予報が当たりにくくなります。極端な場合、後日に予報が修正される可能性もあります。今度の日曜日、当初晴れの予報だったのに、日曜日が近づくにつれ予報が変わり、実際は「曇り時々雨」だったというケースもあります。

さらに気象条件によっては予報が難しく、今後が見通しづらいことがあります。例えば本州の南海上に台風が控えていて、その進路次第で状況が大きく変わりそうなパターンなどが該当します。また何日かおきに雨が降るような周期変化の傾向にある場合、低気圧の通過のタイミングがずれて、雨の予報が早まったり、遅くなることもあります。その一方で、しばらく強い冬型の気圧配置が続くなど、天気のパターンが分かりやすい（＝比較的予報が当たりやすい）こともあります。このように天気予報の難易度は、そのときの気象条件にかなり左右され、それが予報の当たりやすさに影響を与えます。

「信頼度」という指標

こうした状況を踏まえ、週間天気予報には**信頼度**という指標がつけられています。信頼度は、予報の当たりやすさをＡ・Ｂ・Ｃの3段階で表したものです。信頼度の判断基準は降水の有無（3日先以降の予報）を対象としています。

信頼度Ａがもっとも信頼のできる予報であることを示しており、予報が適中しやすい状態で、「晴れ時々曇り」が「晴れのち曇り」になる程度の修正があったとしても、「晴れ時々曇り」が「曇り時々雨」に変わるような、降水の有無に関わる大きな修正の可能性がほとんどない場合です。一方信頼度Ｃの場合は、後日予報が大幅に修正される可能性があるので、最新の週間天気予報をこまめにチェックする必要があります。

気温の予測範囲

7日先の最高気温を1℃の狂いもなくぴたっと当てるのは、気象予報の技術が向上した現在でも、かなりの至難の技です。そのため、週間天気予報の最高・最低気温の予報に

図5-2-6　信頼度と3つの階級

2014年12月までの5年間の検証結果

信頼度		実際の精度 (降水の有無)	
階級	確度	適中率	翌日に予報が変更される確率
A	高い	平均 88 %	平均 1 %
B	やや高い	平均 73 %	平均 6 %
C	やや低い	平均 58 %	平均 16 %

気象庁ホームページをもとに作成

は、具体的な予測値とともに、予測範囲（誤差の幅）が記されています。実際の気温がこの予測範囲の中に収まる確率は約80％です。

　この予測範囲の幅が小さい場合は気温予報が当たりやすい状態ですが、幅が大きく見積もられているときは、気温予報が当たりにくい状態であることを示しています。

図5-2-7　気温の予測範囲の例

栃木県の天気予報（7日先まで）

2023年10月31日11時　宇都宮地方気象

日付		今日 31日(火)	明日 01日(水)	明後日 02日(木)	03日(金)
栃木県		晴後曇	晴	晴	晴時々曇
降水確率(%)		-/-/10/10	10/0/0/0	10	10
信頼度		-	-	-	A
宇都宮 気温 (℃)	最高	22	22	24 (22～26)	25 (23～27)
	最低	-	11	11 (9～12)	10 (9～13)
			向こう一週間		
			降水量の7日間合計		
宇都宮			平年並 3 - 21mm		

予想気温（　）内が予測範囲の幅

気象庁ホームページの画像に筆者加筆

5-3 季節予報（長期予報）

週間天気予報より先の目先1か月、3か月といった、長期的な天候の傾向を予想した情報を季節予報（長期予報）と言います。ここでは季節予報の種類と内容、発表形式を紹介します。

● 季節予報の種類

天気予報は、予報する期間のちがいから短時間予報、短期予報、中期予報、長期予報に大きく分けることができます。そのうち**長期予報 (long-range forecast)** は、7日先までの週間天気予報よりも先、1か月先、3か月先といった長期的な天候の見通しを示したものを言います（気象庁の予報用語によると、6か月先以内まで）。長期予報として発表されている情報は、一般に**季節予報 (season forecast)** と呼ばれていて、気象庁ホームページでもそう表記されているため、以降特に断りが無い限り、季節予報という言葉で紹介します。季節予報の種類と詳細を図5-3-1に紹介します。

1か月予報は、目先1か月先までの天候の見通しを示したもので、発表は毎週木曜日14時30分ごろとなっています。期間全体（1か月間）の傾向として、1か月平均気温、1か月合計降水量、1か月合計日照時間、日本海側の1か月合計降雪量が発表されています。また合わせて週ごと（1週目、2週目、3〜4週目）の傾向として、それぞれの期間ごとの平均気温も発表されます。

3か月予報は、目先3か月先までの天候の見通しを示したもので、原則として毎月25日以前の火曜日14時ごろに発表されます。期間全体（3か月間）の傾向として、3か月平均気温、日本海側の3か月合計降雪量が発表されています。また月ごと（1か月目、2か月目、3か月目）の傾向として、それぞれの月ごとの平均気温、合計降水量が発表されています。

それから2月に夏（6〜8月）の天候の見通しを示す**暖候期予報**が、9月には冬（12〜翌2月）の天候の見通しを示す**寒候期予報**が発表されます。

図5-3-1　季節予報の種類一覧

種　別	概　要	発表日時	予報期間		要　素	備　考
1か月 予報	向こう1か月の 天候の見通し	毎週木曜日 14時30分ごろ	期間全体 ※予報発表日の 翌々日から1か月間		平均気温	
					合計降水量	
					合計日照時間	
					合計降雪量	日本海側のみ
			1週目		平均気温	
			2週目		平均気温	
			3〜4週目		平均気温	
3か月 予報	向こう3か月の 天候の見通し	毎月火曜日 14時ごろ ※原則25日 以前の火曜日	期間全体 ※予報発表月の 翌月から3か月間		平均気温	
					合計降水量	
					合計降雪量	日本海側のみ
			各月ごと		平均気温	
					合計降水量	
暖候期 予報	夏の天候および 梅雨期の降水量 の見通し	2月14時ごろ ※原則25日 以前の火曜日	夏（6〜8月）		平均気温	
					合計降水量	
			梅雨（6〜7月）		合計降水量	沖縄奄美は5〜6月
寒候期 予報	冬の天候および 日本海側の降雪量 の見通し	9月14時ごろ ※原則25日 以前の火曜日	冬（12〜翌2月）		平均気温	
					合計降水量	
					合計降雪量	日本海側のみ

5

中・長期予報に関わる天気図

　暖候期予報は夏の間の平均気温と合計降水量、梅雨期（6〜7月、ただし沖縄奄美は5〜6月）の合計降水量の見通しが発表されます。寒候期予報では冬の間の平均気温と合計降水量、日本海側の合計降雪量の見通しが発表されます。

　いずれの予報も日々の具体的な天気や気温の数値ではなく、**確率表現**という形で表されます（→詳しくは5-3：197ページ）。

　その他、6〜14日先に10年に1度あるかどうかの著しい高温・低温が発生する可能性がある場合は、**早期天候情報**が発表されます。日本海側の多雪地帯では、10年に1度あるかどうかの顕著な大雪が予想される場合にも、同様に早期天候情報（大雪または雪に関する早期天候情報）が発表されます。

　また今後2週間程度の気温の変化の見通しを示す**2週間気温予報**も長期予報の一種といえます。（→早期天候情報と2週間気温予報について詳しくは5-1：182ページ）

● 季節予報の地方区分

　1か月予報、3か月予報、暖候期予報、寒候期予報の4つの季節予報については、地域区分ごとにそれぞれ全般季節予報と地方季節予報があります。

　全般季節予報には全国的な天気変化の見通しを示した概況が示されたもので、気象庁本庁から発表されます。また気温は4地域（北日本、東日本、西日本、沖縄・奄美）に、降水量や日照時間は7地域（北日本太平洋側、北日本日本海側、東日本太平洋側、東日本日本海側、西日本太平洋側、西日本日本海側、沖縄・奄美）に分割して表示されます。

　地方季節予報は、全国を11に分けた地方ごとの情報で、それぞれの地方を担当する気象官署から発表されます。

図5-3-2　全般季節予報と地方季節予報の地方区分

▼全般季節予報の地方区分

北日本
北海道・東北

北日本　日本海側
北海道日本海側
北海道オホーツク海側（宗谷）
東北日本海側

北日本　太平洋側
北海道太平洋側
北海道オホーツク海側（網走・北見・紋別）
東北太平洋側

東日本　日本海側
北陸地方

東日本
関東甲信、北陸、東海

関東甲信・東海地方
東日本　太平洋側

西日本　太平洋側
近畿日本海側
山陰地方
九州北部

近畿太平洋側
山陽地方
四国地方
九州南部
西日本　太平洋側

沖縄・奄美

西日本
近畿・中国・四国・九州

▼地方季節予報の地方区分

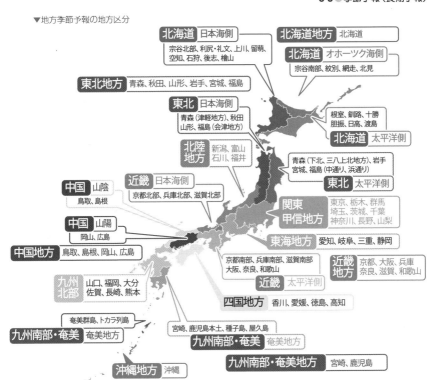

北海道 日本海側
宗谷北部、利尻・礼文、上川、留萌、空知、石狩、後志、檜山

北海道地方 北海道

北海道 オホーツク海側
宗谷南部、紋別、網走、北見

東北地方 青森、秋田、山形、岩手、宮城、福島

東北 日本海側
青森（津軽地方）、秋田
山形、福島（会津地方）

根室、釧路、十勝
胆振、日高、渡島

北海道 太平洋側

青森（下北、三八上北地方）、岩手
宮城、福島（中通り、浜通り）

東北 太平洋側

北陸地方 新潟、富山
石川、福井

中国 山陰
鳥取、島根

近畿 日本海側
京都北部、兵庫北部、滋賀北部

関東甲信地方
東京、栃木、群馬
埼玉、茨城、千葉
神奈川、長野、山梨

中国 山陽
岡山、広島

東海地方 愛知、岐阜、三重、静岡

中国地方 鳥取、島根、岡山、広島

京都南部、兵庫南部、滋賀南部
大阪、奈良、和歌山

近畿地方 京都、大阪、兵庫
奈良、滋賀、和歌山

九州北部 山口、福岡、大分
佐賀、長崎、熊本

近畿 太平洋側

四国地方 香川、愛媛、徳島、高知

奄美群島、トカラ列島

九州南部・奄美 奄美地方

宮崎、鹿児島本土、種子島、屋久島

九州南部・奄美 奄美地方

九州南部・奄美地方 宮崎、鹿児島

沖縄地方 沖縄

5
中・長期予報に関わる天気図

地方区分で注意が必要なもの

　気象庁が発表する予報に使われる地方区分は、おおむね一般的な分けかたに準じているものの、一部例外的な扱いとなっているものがあります。また、どの地方に含めるのか、複数の考え方がある地域もあります。それから気象の場合は、気象特性に応じた区分けをしている地域もあります。そのため利用する場合は、気象庁はどのような地方区分のしかたで発表しているのか必ず確認するようにしましょう。

季節予報の発表形式

図5-3-3 1か月予報の例

全般季節予報

全国　1か月予報（11/18～12/17）		2023年11月16日14時30分 気象庁 発表
特に注意を要する事項		北日本では、期間のはじめは気温がかなり高くなる見込みです。
向こう1か月 11/18～12/17	天　候	北日本日本海側では、平年と同様に曇りや雪または雨の日が多いでしょう。 東日本日本海側では、平年と同様に曇りや雨または雪の日が多いでしょう。 西日本日本海側と沖縄・奄美では、平年に比べ曇りや雨の日が少ないでしょう。 北日本太平洋側では、平年と同様に晴れの日が多いでしょう。 東日本太平洋側では、平年に比べ晴れの日が多いでしょう。 西日本太平洋側では、天気は数日の周期で変わりますが、 平年に比べ晴れの日が多いでしょう。
	気　温	平均気温は、北日本で高い確率60%、東・西日本で高い確率50%です。
	降水量	降水量は、北・東日本日本海側で平年並または多い確率ともに40%、 東・西日本太平洋側と沖縄・奄美で少ない確率50%、 西日本日本海側で平年並または少ない確率ともに40%です。
	日照時間	日照時間は、東・西日本太平洋側で多い確率50%、 西日本日本海側と沖縄・奄美で平年並または多い確率ともに40%です。
	降雪量	降雪量は、北日本日本海側で少ない確率50%、 東日本日本海側で平年並または少ない確率ともに40%です。
1週目 11/18～11/24	気　温	1週目は、北日本で高い確率80%、東日本で高い確率60%、 西日本で平年並または高い確率ともに40%、 沖縄・奄美で平年並または低い確率ともに40%です。
2週目 11/25～12/01	気　温	2週目は、全国で平年並の確率50%です。
3～4週目 12/02～12/15	気　温	3～4週目は、北日本で平年並または高い確率ともに40%、 東・西日本と沖縄・奄美で高い確率50%です。

地方季節予報

中国地方（山口県を除く）　1か月予報（11/18～12/17）		2023年11月16日14時30分 広島地方気象台 発表
向こう1か月 11/18～12/17	天　候	山陰では、平年に比べ曇りや雨の日が少ないでしょう。 山陽では、天気は数日の周期で変わりますが、 平年に比べ晴れの日が多いでしょう。
	気　温	平均気温は、高い確率50%です。
	降水量	降水量は、山陰で平年並または少ない確率ともに40%、 山陽で少ない確率50%です。
	日照時間	日照時間は、山陰で平年並または多い確率ともに40%、 山陽で多い確率50%です。
1週目 11/18～11/24	気　温	1週目は、平年並または高い確率ともに40%です。
2週目 11/25～12/01	気　温	2週目は、平年並の確率50%です。
3～4週目 12/02～12/15	気　温	3～4週目は、高い確率50%です。

情報文は気象庁提供

実際に発表された季節予報の例を図5-3-3に示します。

いわゆる天気予報では「○○日は晴れ時々曇、最低気温15℃、最高気温22℃でしょう」というふうに、天気や気温などについて具体的な数値を発表します（**決定論的予測**）。それに対して季節予報は予想対象期間が長期にわたるため、時間の経過とともに誤差が大きくなり、具体的な数値を用いた予想は難しくなります。そこで「平年と比べてどうか、そして、そうなる確率はどのくらいか」という**確率表現**を用いた方法で予報が行われます（**確率的予測**）。

確率表現による表しかたの例を図5-3-4に示します。

図5-3-4　確率表現のイメージ

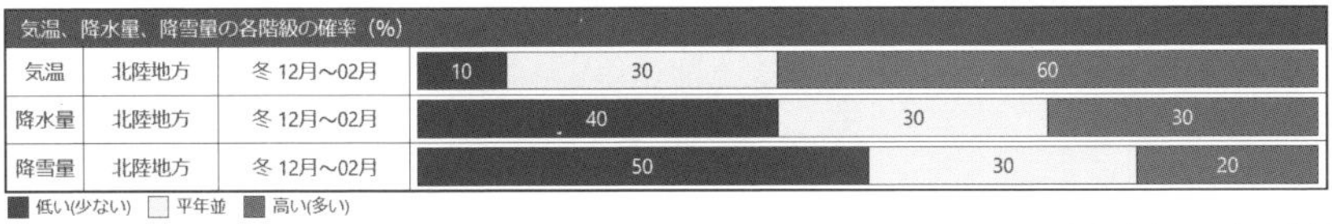

気象庁ホームページより

確率表現では、気温、降水量などの要素について平年より「低い/少ない」「平年並」「高い/多い」の3つの階級に分け、予想対象期間中に、どのくらいの確率でそれが発現する見込みなのかを数値で表します。

「低い/少ない」「平年並」「高い/多い」の3つの階級の出現確率は次節で説明する**気候的出現率**に基づき、初期段階では均等割りの状態、つまり（低い/少ない・平年並・高い/多い）=（33%・33%・33%）となるように設定されています。

確率表現の読み方を図5-3-4の例をもとに説明します。これは2023年に実際に発表された北陸地方の寒候期予報です。この例では、北陸地方の冬の気温の確率分布が（低い・平年並・高い）=（10%・30%・60%）となっています。これは、「北陸地方でこの冬の気温が平年より高くなる確率が60%」であることを示しています。60%は比較的大きな数字といえます。また気温が平年より低くなる確率が10%とかなり低く、さらにこの冬の降雪量が平年よりも少なくなる確率が50%とやや高めであることから、2023年の北陸地方は暖冬傾向と予想されていると読むことができます。

● 気候的出現率

先ほどでてきた「低い／少ない」「平年並」「高い／多い」の3つの階級に分けるために用いられる、**気候的出現率**について説明します。

気候的出現率は過去30年分の観測データを、数値が小さい方から順に並べ「低い（少ない）10年」「平年並の10年」「高い（多い）10年」の3つに振り分け、「平年並の範囲」を決めます。平年並を決めるために使われる観測データの期間は10年ごとに更新されます。2021年〜2030年の間は、「1991年〜2020年の30年分のデータ」をもとに平年並の範囲が決められています。

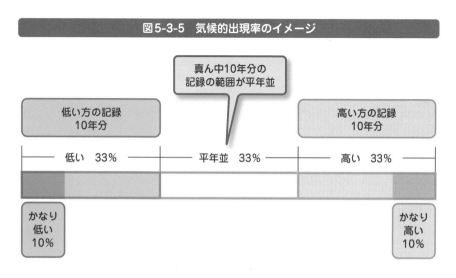

図5-3-5　気候的出現率のイメージ

ちなみに2011年〜2020年の平年並の範囲は「1981年〜2010年の30年分のデータ」を、2031年〜2040年の平年並の範囲は「2001年〜2030年の30年分のデータ」をもとに決められます。

5-4 アンサンブル予報

天気予報には、予報期間が長くなるほど誤差幅が大きくなり、正確性が担保できなくなってしまうという課題があります。そこで中・長期予報では誤差幅を考慮した予報が行われています。これを支えるのがアンサンブル予報という技術です。

●「誤差の増大」とバタフライ効果

天気予報をつくるにあたり、その途中でどうしてもさまざまな誤差が生じます。

まず観測の段階では、どんなに精密な測器を用いても、測定の結果得られる数字はあくまで近似値です。例えば気温の測定値が15.4℃でも、「真の値」は15.4000012…℃かもしれません。これは自然現象ゆえに、どうしてもしかたのないことです。また地球全体をくまなく、一瞬たりとも途切れることなく観測を行うことも現実的には不可能です。どうしても時間的・空間的な「観測の空白域」はできてしまいます。

それからシミュレーションに使う数値予報モデルも完璧なものではなく、あくまで近似的なもの（少しでも真の値に近づけるようにした方程式）です。大気の振る舞いは非常に複雑で、さまざまな要素が絡み合っており、まさに「森羅万象の世界」と言えます。これらを完ぺきに網羅する方程式は知られていません。また仮にそれが判明したとしても、方程式の解（数値）を処理する過程でまたちがう誤差が生じます。

そして大気は**カオス的性質**を持っています。これは大気の状態を予測する際、誤差の幅が時間とともに広がっていってしまうというものです。そのため初期段階に含まれる誤差がほんのわずかであっても、予報時間が長くなるにつれ誤差幅がどんどん広がり、予報の精度がガクッと落ちてしまうのです。

これは「ブラジルでの蝶（バタフライ）のはばたきが、やがてテキサスでトルネードを発生させる」と比喩されたことから**バタフライ効果**（butterfly effect）と呼ばれ、昔から天気予報技術を向上させる上での大きな壁となっています。

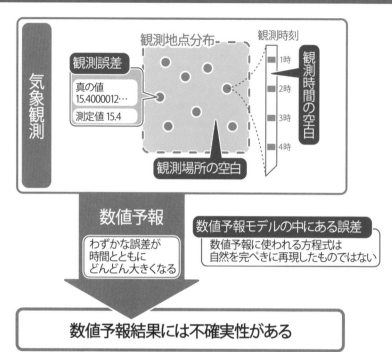

図5-4-1 数値予報における誤差

これらの事情から、「数値予報の結果にはある程度不確実な部分がある…つまり完ぺきな情報ではない」ということを頭に入れておく必要があります。

アンサンブル予報の導入

この特性を少しでも解消すべく導入された予測手法が**アンサンブル予報**（ensemble forecast）です。アンサンブル予報を行うと、数値予報結果にどのくらいの誤差幅が含まれているのかを把握することができます。これにより「この範囲内の結果になる確率が80％」という具合に、幅を持たせた予報が可能となり、予測の誤差幅を考慮した表現が可能になります。

アンサンブル予報では、意図的に小さな誤差（**摂動**という）を加え、さまざまなパターンの初期値をいくつも用意します。そして用意した初期値について、それぞれ数値予報

を行います。「アンサンブル」という言葉には集合や集団という意味があります。つまり
アンサンブル予報は「初期値を変えて行った複数の数値予報結果のあつまり」なのです。

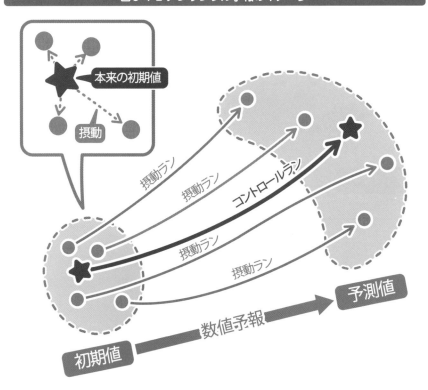

図5-4-2 アンサンブル予報のイメージ

アンサンブル予報における予測のひとつひとつを**メンバー（アンサンブルメンバー）**と
言います。初期値に摂動を与えたメンバーの予測を**摂動ラン**、そして摂動を与えていな
いメンバーの予測を**コントロールラン**と言います。

またメンバーの予測結果を、パターンが似ているものどうしに振り分け、5つのグ
ループに分類します。このときの各グループを**クラスター**と呼びます。

すべてのメンバーの予測結果を平均したものを**アンサンブル平均**と言います。そし
て、このアンサンブル平均に最も近い6つのメンバーを抽出したものを**センタークラス
ター**と言います。

5

中・長期予報に関わる天気図

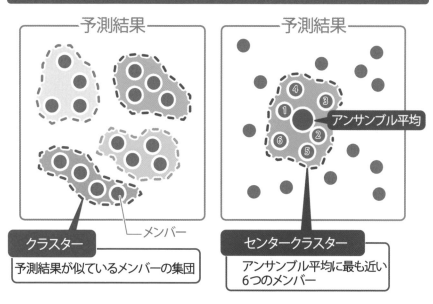

図5-4-3 クラスターとセンタークラスター

　なお週間アンサンブル予想図（FEFE19）と、週間予報支援図（アンサンブル）（FZCX50）の「500hPa 高度と渦度」「850hPa相当温位」「850hPa気温偏差時系列」は、センタークラスターの平均を用いて作成されていましたが、2012年11月13日からはアンサンブル平均へと変更になりました。

● スプレッドと精度

　メンバーごとの予測結果にどのくらいばらつきがあるのか、これを数値化したものが**スプレッド（アンサンブルスプレッド）**です。スプレッドには「広がり」という意味があり、スプレッドが大きくなればなるほど、予測結果のばらつきが多く、予報が当たりにくい状態であることを示しています。

　天気予報の特性上、どうしても予報期間とともにスプレッドも拡大していきますが、目安としてスプレッドが0.5以上になると予報精度が極端に低下すると言われています。

図5-4-4 スプレッドのイメージ

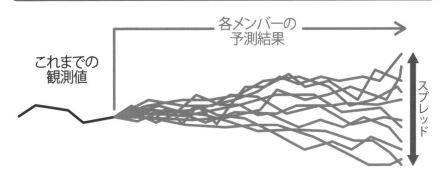

🔵 アンサンブル予報システム

　気象庁が使用しているアンサンブル予報システムのうち、気象に関するものは**全球ア****ンサンブル予報システム**（GEPS）と**季節アンサンブル予報システム**（**季節EPS**）、それから**メソアンサンブル予報システム**（MEPS）の3つです。

　そのうち全球アンサンブル予報システムは、地球全体を予報領域としたもので、格子間隔は、18日先までが約27km、18日〜34日先までが約40kmとなっています。メンバー数は18日先までが51メンバー、34日先までが25メンバーとなっています。週間天気予報や台風予報、それから長期予報のうち比較的予報期間の短いもの（早期天候情報、2週間気温予報、1か月予報）に使われています。

　季節アンサンブル予報システムも予報領域は地球全体で、その格子間隔は大気が約55km、海洋が約25kmとなっています。予報期間は7か月でメンバー数は5です。3か月予報、暖候期・寒候期予報、エルニーニョ監視速報に使われています。

　メソアンサンブル予報システムは2019年6月27日から新たに導入（本運用）されたものです。アンサンブル予報はこれまで中・長期的な予報に対してもちいられてきましたが、このメソアンサンブル予報システムは短時間予報〜短期予報を対象にしたものです。約5kmの格子間隔で日本周辺域を予報対象としていて、予報期間は39時間、メンバー数は21です。これにより台風進路予測や大雨など、防災気象情報の精度向上が期待されます。

5

中・長期予報に関わる天気図

図5-4-5 気象に関するアンサンブル予報システム

	全球アンサンブル予報システム	季節アンサンブル予報システム	メソアンサンブル予報システム
略　称	GEPS	季節EPS	MEPS
予報領域	地球全体	地球全体	日本周辺域
格子間隔	約27km（〜18日先） 約40km（18〜34日先）	約55km（大気） 約25km（海洋）	5km
予報期間	34日間	7か月間	39時間
メンバー数	51（〜18日間） 25（34日間）	5	21
初期値の時刻	※予報期間によって異なる	毎日　00UTC	毎日 00,06,12,18UTC
扱う情報の種類	台風予報 週間天気予報 早期天候情報 1か月予報	3か月予報 暖候期・寒候期予報 エルニーニョ監視速報 など	防災気象情報各種 府県天気予報など

2023年11月現在

5-5 週間予報支援図 (FXXN519)

週間天気予報はアンサンブル予報をベースにしていますが、今日・明日明後日の天気予報に使われるGSM（全球モデル）もある程度使われています。本天気図は週間天気予報資料のうち、GSMで出力された数値予報天気図です。

天気図基礎情報

名　称	週間予報支援図
対象高度	高度…500hPa（5,700m付近） 気温…850hPa（1,500m付近）
発表時刻	毎日　0時 1時 2時 3時 4時 5時 6時 7時 8時 9時 10時 11時 12時 13時 14時 15時 16時 17時 18時 19時 20時 **21時** 22時 23時
書いてある 情報（予測）	・500hPa高度（5日間平均） ・500hPa高度（5日間平均）の平年偏差 ・日々の500hPa高度予想（T=72～T=192） ・日々の850hPa気温予想（T=72～T=192） ・東経135度線の500hPa高度の変化（20日前～8日後）
天気図から 読み取ること	・週間天気予報の傾向をおおまかに把握 ・（夏季）梅雨明けのタイミング ・（冬季）南岸低気圧接近時の太平洋側の降雪の可能性 ・（冬季）冬型にともなう強い寒気の南下の可能性
備　考	本天気図はアンサンブル予報ではなくGSMによって出力されたもの

🌑 天気図の概要と配置

　週間天気予報に関する支援図のひとつです。週間天気予報にはアンサンブルモデルによる予報（→5-4；199ページ）を基本としていますが、GSM（全球モデル）の予測結果も活用されています。**週間予報支援図**（FXXN519）は、GSMによって出力された予測結果を図にした資料です。描かれている要素は500hPa高度と850hPa気温で、北半球全体および、日本付近の大気の流れの推移の予測を把握するのに使われます。

　1枚の中にさまざまな図が組み合わされているので、その配置を図5-5-1に示します。

週間予報支援図の例（2023年8月1日21時作成）

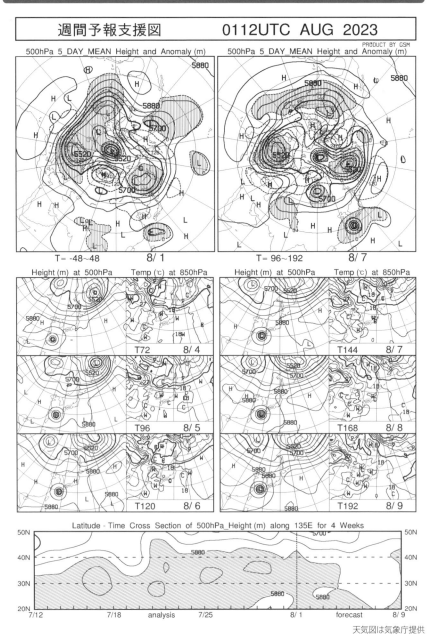

天気図は気象庁提供

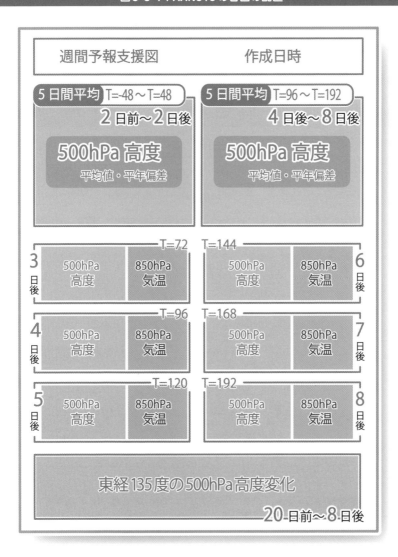

図5-5-1 FXXN519の各図の配置

上段の2図は北半球500hPa高度の5日間平均と平年偏差、中段は日ごとの
500hPa高度、850hPa気温の予想図、下段は東経135度上の500hPa高度の20日
前から8日先までの推移を示した図です。

　FXXN519に使われるGSMは、今日明日あさっての天気予報にも用いられる数値予

報モデルです（詳しくは1-5：43ページ）。アンサンブルモデルとは異なり、GSMの予測値は1つなのでFZCX50（→5-6：212ページ）のようなスプレッドの表記はありません。

500hPaの5日間平均と平年偏差

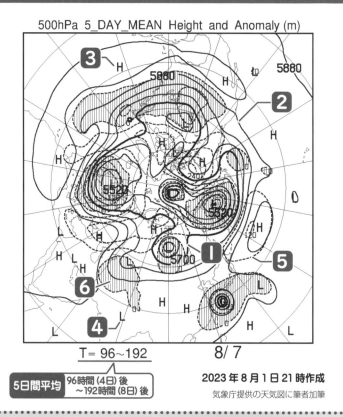

図5-5-2　500hPaの5日間平均と平年偏差の例

T＝96〜192

5日間平均　96時間（4日）後〜192時間（8日）後

8/7

2023年8月1日21時作成

気象庁提供の天気図に筆者加筆

1 5700m 線（太実線300m ごと）　2 5880m 線（実線60m ごと）
3 高圧部（H）　4 低圧部（L）
5 平年偏差60m の等値線（点線）　6 高度が平年より低い領域

　FXXN519の上段にある大きな2つの図は、500hPa高度の5日間平均値と、その平年偏差が描かれています。**平年偏差**（anomaly）は簡単に言うと「数値が平年値と比べてどのくらい高いか（低いか）」というのを表したものです。

　図が2つあるのは、図が示している期間が異なるからです。左側はT=−48（2日前）〜T=48（2日後）の5日間を平均したもの、右側はT=96（4日後）〜T=192（8日後）の5日間を平均したものです。図の中心を北極点とし、北半球全体を表した構図となっています。日本列島は図の右下側にあります。

　500hPa高度の5日間平均値は300mごとに太実線、60mごとに実線で描かれています。そして高気圧・高圧部にはH、低気圧・低圧部にはLのスタンプが押されています。

　平年偏差の分布は60mごとに破線で描かれています。そして平年より高度が低い場所（**負偏差域**）は、縦線による網掛けが施されています。平年偏差が正、つまり平年に比べて高度が高い領域は、いつもの年に比べると高気圧が優勢と考えられます。反対に平年偏差が負、つまり平年に比べて高度の低い領域は、いつもの年に比べて低気圧が優勢になっていると考えられます。

地域を細分した週間天気予報

　府県週間天気予報は、基本的に都道府県単位で発表されますが、季節によっては同じ都道府県内でも天気の傾向がまったく異なることがあります。例えば、冬型の気圧配置のときの群馬県は、南部の平野部は晴れてカラカラ天気が続くのに対し、北部は雪が続くという具合です。これに対応するため、都道府県によっては、季節限定で地域を細分した形で週間天気予報を発表しています。表はその一例です。

都道府県	細分区域	細分する期間
福島	中通り・浜通り 会津	4月1日〜11月30日、12月1日〜翌3月31日
長野	北部 中部・南部	11月1日〜翌4月10日
岐阜	美濃地方 飛騨地方	11月1日〜翌3月31日
兵庫	北部 南部	11月1日〜翌3月31日
岡山	北部 南部	11月1日〜翌3月31日
長崎	壱岐・対馬 南部・北部・五島	11月1日〜翌3月10日

● 日々の500hPa高度と850hPa気温

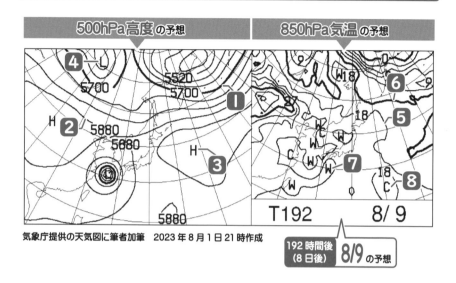

図5-5-3　500hPa高度と850hPa気温の例

気象庁提供の天気図に筆者加筆　2023年8月1日21時作成

```
■ 5700m 線（太実線300m ごと）      ② 5880m 線（実線60m ごと）
③ 高圧部（ H ）                    ④ 低圧部（ L ）
⑤ 18℃の等温線（実線3℃ごと）      ⑥ 15℃の等温線（太実線15℃ごと）
⑦ 暖気の中心（ W ）                ⑧ 寒気の中心（ C ）
```

　中段付近に並んでいる図は、日ごとの500hPa高度（左側）と、850hPa気温（右側）
の予想を示したものです。対象期間はT＝72（3日後）～T＝192（8日後）の6日分です。
　左側の500hPa高度は、300mごとに太実線、60mごとに実線で描かれ、高度の高
い場所（高圧部）にはH、高度の低い場所（低圧部）にはLのマークがつけてあります。
　右側の850hPa気温は、15℃ごとに太実線、3℃ごとに実線が描かれています。

● 500hPa高度の変化

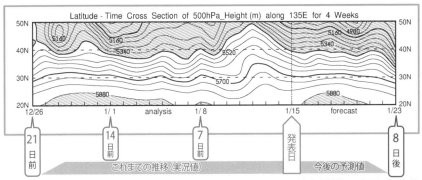

図5-5-4　500hPa高度の変化の例

気象庁提供の天気図に筆者加筆
2023年8月1日21時作成

FXXN519の最下段は、東経135度線における500hPa高度の変化を時系列でグラフにしたものです。過去20日間の推移（実際の観測値）と、8日先までの予測値からなります。500hPaの等高度線は300mごとに太実線、60mごとに実線となっており、5400m以下と5880m以上の範囲には網掛けが施されています。

気象庁における季節区分

気象庁では3～5月を春、6～8月を夏、9～11月を秋、12～翌2月を冬と定めています。また一般に4～9月を暖候期、10～翌3月を寒候期としています。ただし暖候期予報と寒候期予報が対象とする予報期間は、この定めとは若干異なるので注意が必要です。

季節の表現

1月	冬	寒候期
2月	冬	寒候期
3月	春	
4月	春	
5月	春	暖候期
6月	夏	暖候期
7月	夏	暖候期
8月	夏	
9月	秋	
10月	秋	寒候期
11月	秋	寒候期
12月	冬	

5-6 週間予報支援図（アンサンブル）（略号FZCX50）

週間天気予報に使われているアンサンブルモデルによって計算・出力されたのが、この天気図です。500hPaの高度、渦度、850hPaの気温偏差、相当温位、降水の可能性、それから予報の誤差幅（スプレッド）を知ることができます。

天気図基礎情報

名　称	週間予報支援図（アンサンブル）
対象高度	高度・渦度・特定高度線…500hPa（5,700m付近） 相当温位・気温偏差…850hPa（1,500m付近） 降水量予想頻度分布…地上
発表時刻	毎日　0時 1時 2時 3時 4時 5時 6時 7時 8時 9時 10時 11時 12時 13時 14時 15時 16時 17時 18時 19時 20時 **21時** 22時 23時
書いてある情報（予測）	・500hPa高度、渦度の日ごとの変化（T=72～192） ・850hPa相当温位の日ごとの変化（T=72～192） ・500hPaの特定高度線の日ごとの予想（T=72～192） ・24時間で5mm以上の降水が予想されているエリア（T=72～192） ・アンサンブル予報の日ごとのスプレッド ・850hPa気温偏差予想の推移
天気図から読み取ること	・目先1週間の高度場、渦度場の変化の傾向をつかむ ・目先1週間の850hPaの気温の傾向をつかむ ・アンサンブル予報のスプレッドを把握する
備　考	

🔵 天気図の概要と配置

　週間天気予報にはアンサンブル予報（→5-4：199ページ）という予測手法が使われています。そのアンサンブル予報の結果出力されたのが、この**週間予報支援図**（**アンサンブル**）（**FZCX50**）です。「500hPa高度及び渦度」「850hPa相当温位」「500hPa特定高度線, 降水量予想頻度分布（%）及びスプレッド」「850hPaにおける気温偏差予想（クラスター平均）」の4種類の図の組み合わせで構成されています。

週間予報支援図の例（2023年8月1日21時作成）

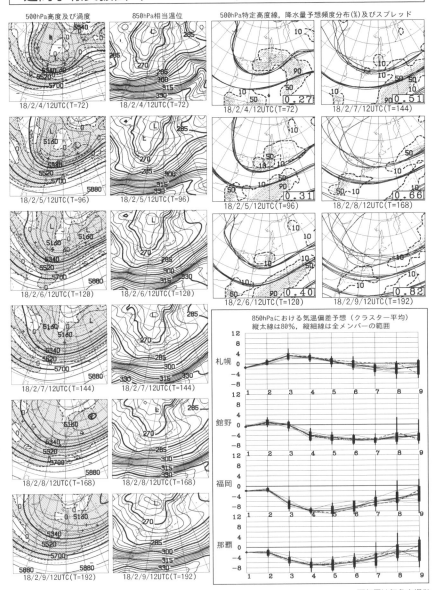

週間予報支援図（アンサンブル）　2018年 2月 1日12UTC

500hPa高度及び渦度 / 850hPa相当温位 / 500hPa特定高度線，降水量予想頻度分布(%)及びスプレッド

18/2/4/12UTC(T=72) / 18/2/4/12UTC(T=72) / 18/2/4/12UTC(T=72) 0.27 / 18/2/7/12UTC(T=144) 0.51

18/2/5/12UTC(T=96) / 18/2/5/12UTC(T=96) / 18/2/5/12UTC(T=96) 0.31 / 18/2/8/12UTC(T=168) 0.66

18/2/6/12UTC(T=120) / 18/2/6/12UTC(T=120) / 18/2/6/12UTC(T=120) 0.40 / 18/2/9/12UTC(T=192) 0.82

18/2/7/12UTC(T=144) / 18/2/7/12UTC(T=144)

850hPaにおける気温偏差予想（クラスター平均）
縦太線は80%，縦細線は全メンバーの範囲

札幌 / 館野 / 福岡 / 那覇

18/2/8/12UTC(T=168) / 18/2/8/12UTC(T=168)

18/2/9/12UTC(T=192) / 18/2/9/12UTC(T=192)

天気図は気象庁提供

図5-6-1 FZCX50の各図の配置

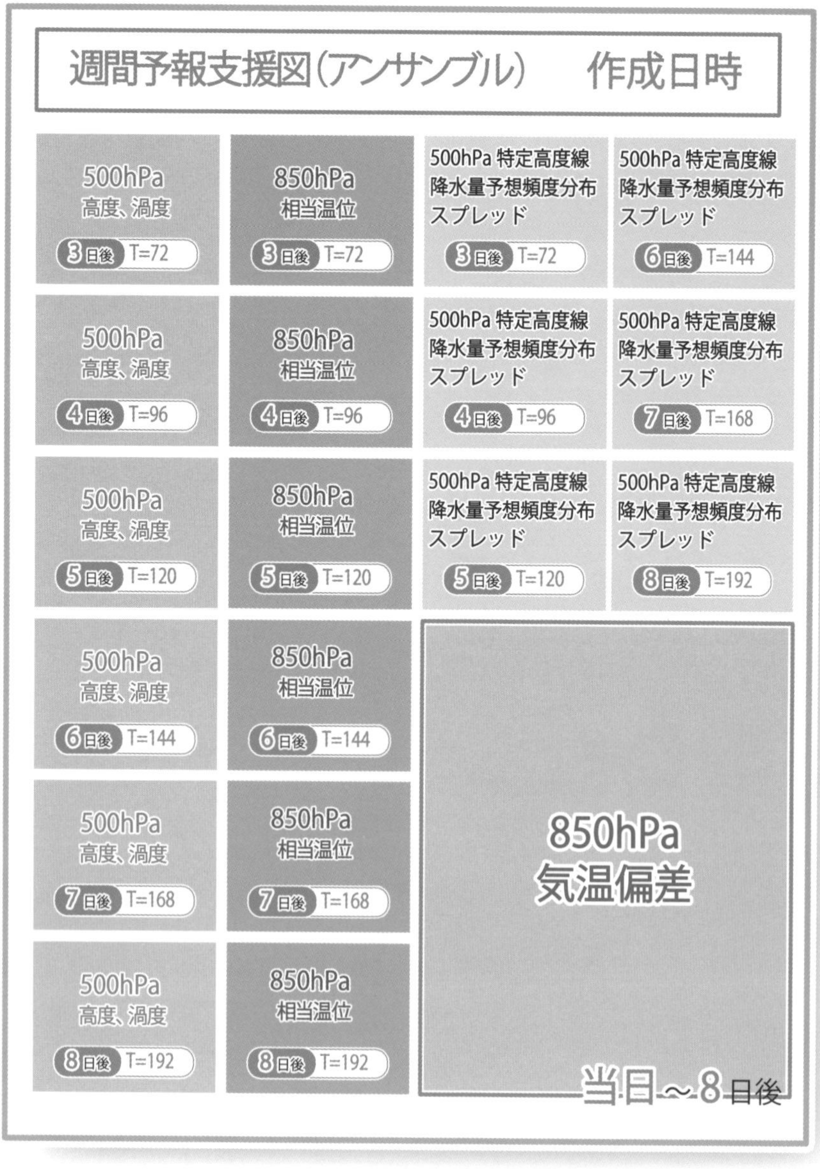

週間予報支援図（アンサンブル）　　作成日時

| 500hPa 高度、渦度 ③日後 T=72 | 850hPa 相当温位 ③日後 T=72 | 500hPa 特定高度線 降水量予想頻度分布 スプレッド ③日後 T=72 | 500hPa 特定高度線 降水量予想頻度分布 スプレッド ⑥日後 T=144 |

| 500hPa 高度、渦度 ④日後 T=96 | 850hPa 相当温位 ④日後 T=96 | 500hPa 特定高度線 降水量予想頻度分布 スプレッド ④日後 T=96 | 500hPa 特定高度線 降水量予想頻度分布 スプレッド ⑦日後 T=168 |

| 500hPa 高度、渦度 ⑤日後 T=120 | 850hPa 相当温位 ⑤日後 T=120 | 500hPa 特定高度線 降水量予想頻度分布 スプレッド ⑤日後 T=120 | 500hPa 特定高度線 降水量予想頻度分布 スプレッド ⑧日後 T=192 |

| 500hPa 高度、渦度 ⑥日後 T=144 | 850hPa 相当温位 ⑥日後 T=144 |

| 500hPa 高度、渦度 ⑦日後 T=168 | 850hPa 相当温位 ⑦日後 T=168 |

850hPa 気温偏差

| 500hPa 高度、渦度 ⑧日後 T=192 | 850hPa 相当温位 ⑧日後 T=192 |

当日〜8日後

　「500hPa高度及び渦度」と「850hPa相当温位」は72時間先（＝3日先）から192時間先（＝8日先）までの予想図（全メンバー平均値）を日ごとに図示しています。

　「500hPa特定高度線，降水量予想頻度分布（％）及びスプレッド」も、72時間先（＝3日先）から192時間先（＝8日先）までの予想を日ごとに表しています。

　500hPa特定高度線は、5400m線、5700m線、5880m線についての予想（各クラスター平均）が描かれています。降水量頻度分布は、全メンバーのうち前24時間のあいだに5mm以上の降水を予想しているメンバーの割合を示し、降水が予想されるエリアを確認することができます。また各図右下には、500hPaスプレッドの数値が記入され、予測結果のばらつき具合（予測精度）を確認することができます。

　「850hPaにおける気温偏差予想（クラスター平均）」は、850hPaの気温偏差（予想気温と平年の差）について8日先までの推移を示したグラフです。各クラスターの平均を重ねた形で表示してあるため、気温の高低とその予想の幅が視覚的に分かりやすくなっています。

西谷型と東谷型

　日本列島が位置する中緯度帯は、偏西風に対応するように500hPa天気図の等高度線が混んでいます。偏西風は蛇行しており、南側に大きく垂れさがった部分にはトラフがあります。このトラフが日本の西側にあり日本付近の等高度線が南西－北東方向に向いている状態を西谷型、東側にあり日本付近の等高度線が北西－南東方向に向いている状態を東谷型といいます。西谷型のときは南から暖かく湿った空気が入りやすく、東谷型のときは北から寒気が流れ込みやすいものです。なお等高度線が緯度線と平行な状態を帯状流型（ゾーナル）といいます。

※いずれも天気図は気象庁提供

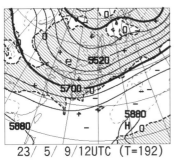

▲西谷型が予想される例

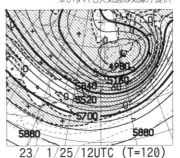

▲東谷型が予想される例

● 500hPa高度・渦度の図

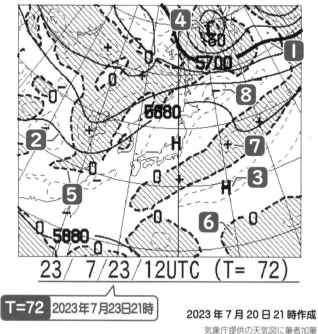

図5-6-2　500hPa高度・渦度の例

23/ 7/23/12UTC (T= 72)

T=72 2023年7月23日21時

2023年7月20日21時作成

気象庁提供の天気図に筆者加筆

---

1 5700m 線（太実線300m ごと）　　2 5880m 線（実線60m ごと）
3 高圧部（H）　　　　　　　　　　4 低圧部（L）
5 渦度0線（太破線）　　　　　　　6 正渦度域（網掛け）
7 正渦度極大域（+）　　　　　　　8 負渦度の極値（－）

　週間予報支援図（アンサンブル）の一番左側にある1列（縦に並んだ6つの図）が、500hPaにおける高度と渦度の予想図です。3日後（T=72：72時間後）から8日後（T=192：192時間後）までの予想図が日ごとに並んでいます。この予想図には、アンサンブル予報のすべてメンバーの平均値（全メンバー平均）で描かれています。なお2012年11月12日まではセンタークラスター平均が使われていました。

　等高度線は5700mを基準に300mごとに太実線、60mごとに実線が描かれ、低圧部にはLの、高圧部にはHのスタンプが押されています。

　等渦度線は20（×10^{-6}/s）ごとに破線で描かれ、渦度ゼロの線は太破線となっています。正渦度域には斜線の網掛けが施され、正渦度極大域には＋の、負渦度の極値には－のスタンプが押されます。

● 850hPa相当温位の図

図5-6-3　850hPa相当温位の例

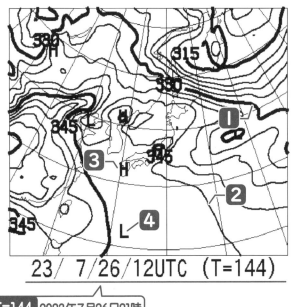

23/ 7/26/12UTC （T=144）

T=144 2023年7月26日21時

2023年7月20日21時作成
気象庁提供の天気図に筆者加筆

1 330K の等相当温位線（太実線15K ごと）
2 342K の等相当温位線（実線3K ごと）
3 相当温位の高いところ（ H ）
4 相当温位の低いところ（ L ）

週間予報支援図（アンサンブル）の左から2列目、「500hPa高度及び渦度」の右隣にある縦に並んだ6つの図は850hPaの相当温位の予想図で、3日後（T=72：72時間後）から8日後（T=192：192時間後）まで日ごとに並んでいます。「500hPa高度及び渦度」と同様に、全メンバー平均で描かれています。

相当温位の単位はK（ケルビン）で、等相当温位線は15Kごとに太実線が、3Kごとに実線が引かれています。数値の大きなところにはHの、小さなところにはLのスタンプが押されることがあります。

● 500hPa特定高度線、降水量予想頻度分布及びスプレッド

週間予報支援図（アンサンブル）の右上にある6つの図（縦3図×2列）は「500hPa特定高度線，降水量予想頻度分布（%）及びスプレッド」です。3日後（T=72：72時間後）から8日後（T=192：192時間後）までの予想図が日ごとに並んでいます。

この図には500hPa特定高度線、降水量予想頻度分布、スプレッドの3つの要素が含まれています。

500hPaの等高度線のうち、天気図解析上特に重要な5400m線、5700m線、5880m線の3つを**特定高度線**（→4-2：160ページ）と言います。特定高度線は5本の線が重なり合うようになっていますが、これは**クラスター平均**によって描かれているからです。クラスター平均とは、アンサンブル予報のメンバーを予報結果の類似性から5つのグループ（クラスター）に分け、各クラスターの平均を取ったものです。この5本の線の重なり具合から予報のばらつきの程度を判断することができます。つまり線がよく重なっているところほど、スプレッドが小さく予測の精度が高いということになります。

また、**降水量予想頻度分布**と呼ばれるものが破線で描かれています。これは降水（前24時間で5mm以上）を予想しているメンバーが何%あるかを示したものです。10%以上のエリアが太破線で囲まれており、以降30%、50%、70%、90%の等値線が細い破線が描かれています。そして50%以上のエリア（半分以上のメンバーが降水を予想しているエリア）は網掛けとなっています。

　図の右下にある数字は**スプレッド**（500hPaにおける全メンバーのスプレッド）です。スプレッドには「広がり」という意味があり、アンサンブルメンバーの予報結果にどの程度の「ばらつき」があるのかを示した指標です。数値は小数第2位までで示され、この値が大きいほどばらつきが大きく、特に、0.5以上では、予報が日ごとに変わる、いわゆる「日替わり予報」になる可能性を示しています。

図5-6-4　500hPa特定高度線、降水量予想頻度分布及びスプレッドの例

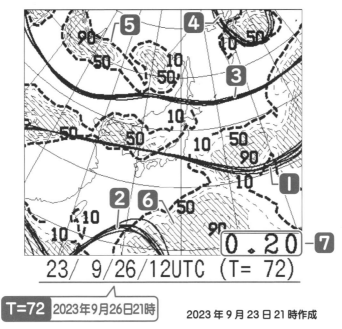

気象庁提供の天気図に筆者加筆

- ① 5880m 線（特定高度線）
- ② 5880m 線（特定高度線）
- ③ 5700m 線（特定高度線）
- ④ 5400m 線（特定高度線）
- ⑤ 降水量頻度予想10％以上の線（太破線）
- ⑥ 降水量頻度予想50％以上の領域（網掛け域）
- ⑦ スプレッド0.20

850hPaにおける気温偏差予想の図

図5-6-5　850hPaにおける気温偏差予想の図の例

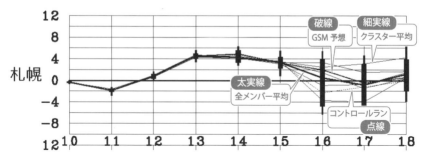

気象庁提供の天気図に筆者加筆　2023年10月10日21時作成

　週間予報支援図（アンサンブル）の右下にある4つのグラフは「850hPaにおける気温偏差予想（クラスター平均）」です。これは850hPaの気温の平年差（平年と比べて何℃高い、あるいは低いか）の予想の推移を示したものです。上から札幌、館野、福岡、那覇の国内4地点について、8日先までの予想の推移が描かれています。

　このグラフには、アンサンブルモデルの計算結果として、各クラスター平均（細実線5本）、全メンバー平均（太実線1本）、コントロールラン（点線1本）が重ねてあります。またGSMモデルの計算結果（破線1本）も重ねてあります。

　さらに予測のばらつき具合をひと目で分かるように、日ごとに、全メンバーが含まれる範囲を細エラーバーで、80%のメンバー含まれる範囲を太エラーバーで表示してあります。このエラーバーが長いほど、メンバー間の予測のばらつきが大きく、予報が当たりにくい状態であることを示しています。

> **Check!** 気温偏差とは、平年と比べて気温が何℃高いか・低いかを取ったものです。ですので、縦軸の数値は850hPaの気温そのものではなく、平年と比べて○℃ちがう予想になるということを示しているので、間違えないように注意する必要があります。

図5-6-6　850hPaにおける気温偏差予想のエラーバー

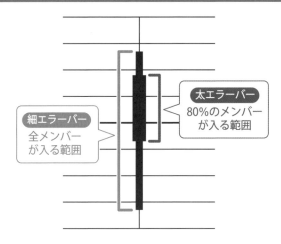

グラフの横軸は日付で1目盛りが1日を表しています。縦軸は予想気温の平年比で、1目盛りは2℃です。中央が0（平年と同じ）で、そこから上に行くほど平年より高く、反対に下に行くほど平年より低いことを表しています。

図5-6-7　850hPaにおける気温偏差予想の目盛り

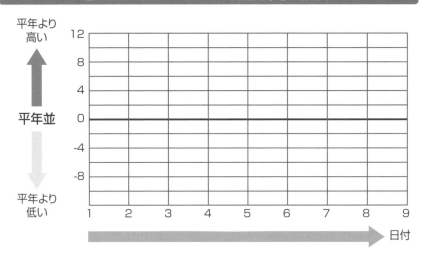

週間アンサンブル予想図（FEFE19）

週間予報支援図（アンサンブル）（FZCX50）に対応する地上の予想天気図を示したもの
が**週間アンサンブル予想図（FEFE19）**です。アンサンブルモデルの全メンバー平均によっ
て作成されたもので、気圧配置と降水範囲のおおまかな予測がぱっと見で分かるものです。
　週間アンサンブル予想図は、3日後（T=72：72時間後）から8日後（T=192：192時
間後）までの日ごとの予想図が組み合わされて1枚として配信されています。

図5-6-8　週間アンサンブル予想図の例

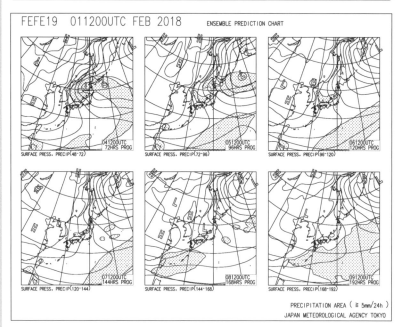

天気図は気象庁提供

　それぞれの図は地上天気図と同様に等圧線が描かれ、高気圧の中心にはH（白抜き）、低気
圧（台風・熱帯低気圧含む）の中心にはL（白抜き）のスタンプが押されています。
　また降水（前24時間で5mm以上）が予想されるエリアが網掛けで表示されています。
図5-6-9でご確認下さい。

図5-6-9　週間アンサンブル予想図の見かた

T=72　72時間後　3日後

T=96　96時間後　4日後

T=120　120時間後　5日後

T=144　144時間後　6日後

T=168　168時間後　7日後

T=192　192時間後　8日後

5

中・長期予報に関わる天気図

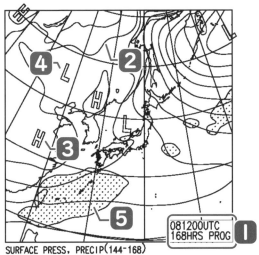

SURFACE PRESS, PRECIP (144-168)

081200UTC
168HRS PROG

2018年2月1日21時作成

気象庁提供の天気図に筆者加筆

- 1 8日21時（168時間後）の予想
- 2 等圧線（実線）
- 3 高圧部（Ｈ）
- 4 低圧部（Ｌ）
- 5 降水域（前24時間5mm以上）

5-7 1か月予報資料 （略号FCVX11-15）

長期予報（季節予報）のうち、1か月予報で使われている予報資料群を簡単に紹介します。現在配信されているのは「実況解析図」「北半球予想図」「スプレッド・高偏差確率」「各種時系列」「熱帯・中緯度予想図」の5種類です。

● 1か月予報資料

1か月予報は長期予報のひとつで、アンサンブル予報（→5-4：199ページ）という予測手法が使われています。その結果出力されたもののうち、1か月予報に関係するものを**1か月予報資料**と言います。

1か月予報資料には、実況解説図（FCVX11）、北半球予想図（FCVX12）、スプレッド・高偏差確率（FCVX13）、各種時系列（FCVX14）、熱帯・中緯度予想図（FCVX15）の5つの種類があります。いずれも週1回、毎週木曜日の午前7時ごろに配信されます（予報の初期値は前日水曜日21時のものが使われます）。

あわせて1か月予報のポイントを詳しく解説した**1か月予報解説資料**が発表されます。この解説資料は気象庁ホームページで全文読むことができます。

● 実況解析図（FCVX11）

実況解析図（FCVX11）は、大気の流れや海面水温などの現在の状況を把握するための資料です。初期値以前の日付のデータは実際の観測値を、初期値以降の日付のデータは予測値（アンサンブル予報の全メンバー平均）が使われています。

実況解析図の左半分のうち、上段2図は500hPa高度と平年差を表しています。左が28日間の平均（前25日間＋当日＋後2日間）、右が7日間の平均（前4日間＋当日＋後2日間）です。

等高度線は300mごとに太実線、60mごとに細実線で描かれ、必要に応じて高圧部にHの、低圧部にLのスタンプが押されています。平年差の等値線は細破線でその間隔は28日間平均図で30mごと、7日間平均図で60mごととなっています。いずれも平年差0mは太破線で、負偏差（平年より高度が低いエリア）は網掛けとなっています。

図5-7-1　1か月予報資料の種類

略　号	資料名称	目　的	要　素
FCVX11	実況解析図	大気の流れや海面水温などの現在の状況を把握	500hPa高度（平均値）と平年差
			850hPa気温（平均値）と平年差
			地上気圧（平均値）と平年差
			200hPa流線関数（平均値）と平年差
			850hPa流線関数（平均値）と平年差
			200hPa速度ポテンシャルと平年差
			海面水温の平年差
FCVX12	北半球予想図	北半球の大気の流れの予測を把握	【予測】500hPa高度（平均値）と平年差
			【予測】850hPa気温（平均値）と平年差
			【予測】地上気圧（平均値）と平年差
FCVX13	スプレッド・高偏差確率	北半球の大気の流れの予測におけるばらつき具合を把握	【予測】500hPa高度（平均値）とスプレッド
			【予測】500hPa高度の高偏差確率
			平年値期間の標準偏差
FCVX14	各種時系列	北半球の各種指数の予測におけるばらつき具合を把握	【予測】850hPa気温平年差（平均値）
			【予測】極東域の東西指数（平均値）
			【予測】沖縄高度（平均値）
			【予測】東方海上高度（平均値）
			【予測】オホーツク海高気圧指数（平均値）
			【予測】スプレッド（平均値）
			【予測】200hPa速度ポテンシャル 時間-経度断面図
FCVX15	熱帯・中緯度予想図	熱帯の対流活動と大気の流れの予測を把握	【予測】200hPa流線関数（平均値）と平年差
			【予測】850hPa流線関数（平均値）と平年差
			【予測】降水量平年差
			【予測】200hPa速度ポテンシャルと平年差

図5-7-2　実況解析図の例（2023年8月16日21時初期値）

1か月予報資料（1）　実況解析図　　　初期値：2023. 8.16.12 UTC

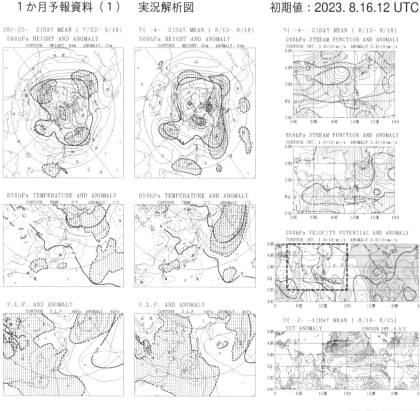

天気図は気象庁提供

　中段2図は、850hPa気温と平年差で、左が28日間の平均（前25日間＋当日＋後2日間）、右が7日間の平均（前4日間＋当日＋後2日間）です。等温線は9℃ごとに太実線、3℃ごとに細実線です。暖気にはW、寒気にはCのスタンプが押されます。また気温の平年差は1℃ごとに細破線で描かれ、平年差0℃の線は太破線となっています。気温が平年よりも低い領域には網掛けが施されています。

　下段2図は地上気圧（海面更正気圧）と平年差で、左が28日間の平均（前25日間＋当日＋後2日間）、右が7日間の平均（前4日間＋当日＋後2日間）です。

図5-7-3 実況解析図の配置

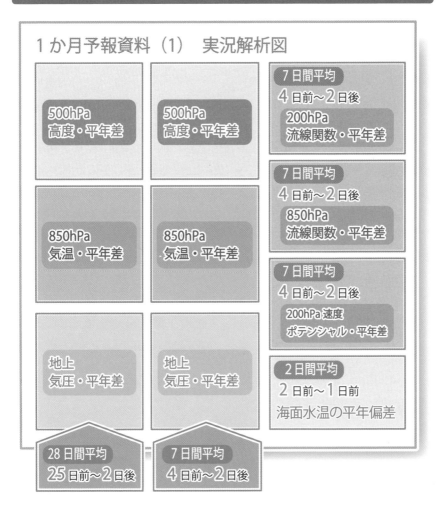

等圧線は20hPaごとに太実線、4hPaごとに細実線で描かれ、高圧部にはHの、低圧部にはLのスタンプがあります。また気圧の平年差は4hPaごとに細破線で描かれ、平年差0hPaの線は太破線となっています。平年よりも気圧の低い部分には網掛けが施されています。

　実況解析図の右半分のうち、一番上は200hPa流線関数と平年差、上から2番目は850hPa流線関数と平年差の7間の平均（前4日間＋当日＋後2日間）です。**流線関数（stream function）**は簡単に言うと、風の流れを数値化したもので、これを見ることで高気圧性の流れ、低気圧性の流れ、どちらが優勢になっていたかを把握することができます。いずれの等値線も流線関数の数値が正（＋）であれば太実線、負（－）であれば太破線となっています。また平年差の等値線は実線で描かれ、数値が平年より低い領域（北半球では低気圧性の風の流れにおおむね対応）は網掛けが施されています。

　実況解析図の右半分のうち、上から3番目は**200hPa速度ポテンシャル（velocity potential）**と呼ばれるものの7日間平均（前4日間＋当日＋後2日間）と平年差です。200hPa速度ポテンシャルは対流圏上層の収束・発散を表す指標で、数値が正（＋）で収束が、負（－）で発散が強くなります。図では数値が正（＋）であれば太実線、負（－）であれば太破線となっています。細実線は平年差の分布です。数値が平年より低く、発散が強くなっている領域には網掛けが施されています。

　対流圏上層で発散が強いところは、平年より上昇気流が強く、雲が発生しやすくなっている可能性を示唆します（→発散と上昇気流の関係は2-4：72ページ）。

　実況解析図の右半分のうち、一番下の図は海面水温の平年差の分布で、数値は初期値前2日分の平均値です。線は0.5℃ごとに引かれており、海面水温が平年より低い部分に網掛けが施されています。

● 北半球予想図（FCVX12）

　北半球予想図（FCVX12）は北半球の大気の流れの予想を把握するための図です。

　左から1列目が28日間平均（3日先〜30日先）、2列目が7日間平均（3日先〜9日先）、3列目が7日間平均（10日先〜16日先）、4列目が14日間平均（17日先〜30日先）となっています。

　またそれぞれの列において、上段側は500hPa高度とその平年差、中段側は850hPa気温とその平年差、下段側は地上気圧（海面更正気圧）とその平年差について描かれています。いずれもアンサンブル予報の全メンバー平均値が使われています。それぞれ負偏差領域（500hPa高度が平年より低い領域、850hPa気温が平年より低い領域、地上気圧が平年より低い領域）が網掛けとなっています。

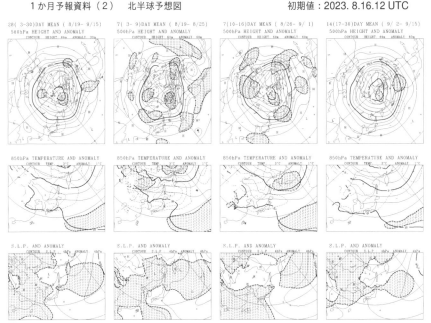

| 図5-7-4　北半球予想図の例（2023年8月16日21時初期値） |

1か月予報資料（2）　北半球予想図 　　　　　　初期値：2023.8.16.12 UTC

天気図は気象庁提供

● スプレッド・高偏差確率（FCVX13）

スプレッド・高偏差確率（FCVX13）は、北半球の大気の流れの予測にどのくらいばらつきや偏りがあるのかを見るための図です。

北半球予想図（FCVX12）と同様に、左から1列目が28日間平均（3日先～30日先）、2列目が7日間平均（3日先～9日先）、3列目が7日間平均（10日先～16日先）、4列目が14日間平均（17日先～30日先）となっています。

それぞれの列において、上段側は「500hPa高度とスプレッド」、下段側は「500hPa高度の高偏差確率と平年値期間の標準偏差」です。

上段側の「500hPa高度とスプレッド」では、スプレッドが1.0以上の領域に網掛けが施されています。スプレッドは数値が大きいほど予測にばらつきが大きいことを示します。特に1.0を超える場合は、自然変動によるばらつきよりも大きく、予測の精度が良くないことを表します。

図5-7-5 北半球予想図の配置

1か月予報資料（2）　北半球予想図

500hPa 高度・平年差	500hPa 高度・平年差	500hPa 高度・平年差	500hPa 高度・平年差
850hPa 気温・平年差	850hPa 気温・平年差	850hPa 気温・平年差	850hPa 気温・平年差
地上気圧・平年差	地上気圧・平年差	地上気圧・平年差	地上気圧・平年差
28日間平均 3日後～30日後	7日間平均 3日後～9日後	7日間平均 10日後～16日後	14日間平均 17日後～30日後

下段側の**高偏差確率**は、500hPa高度が平年よりもかなり高くなる（**正の高偏差**）、あるいはかなり低くなる（**負の高偏差**）確率を示したものです。高偏差確率が0.5（50％）以上となる領域について、正の高偏差（平年よりかなり高くなる可能性が高い）であれば格子状の網掛けが、負の高偏差（平年よりかなり低くなる可能性が高い）であれば横線の網掛けが施されます。

図5-7-6　スプレッド・高偏差確率の例（2023年8月16日21時初期値）

1か月予報資料（3）　スプレッド・高偏差確率　　　　　初期値：2023. 8.16.12 UTC

天気図は気象庁提供

図5-7-7 スプレッド・高偏差確率の配置

1か月予報資料（3）　スプレッド・高偏差確率			
500hPa 高度・スプレッド	500hPa 高度・スプレッド	500hPa 高度・スプレッド	500hPa 高度・スプレッド
500hPa 高度の高偏差確率	500hPa 高度の高偏差確率	500hPa 高度の高偏差確率	500hPa 高度の高偏差確率
28日間平均 3日後～30日後	7日間平均 3日後～9日後	7日間平均 10日後～16日後	14日間平均 17日後～30日後

各種時系列（FCVX14）

図5-7-8　各種時系列の例（2023年8月16日21時初期値）

1か月予報資料（4）各種時系列　　　　初期値：2023. 8.16.12 UTC

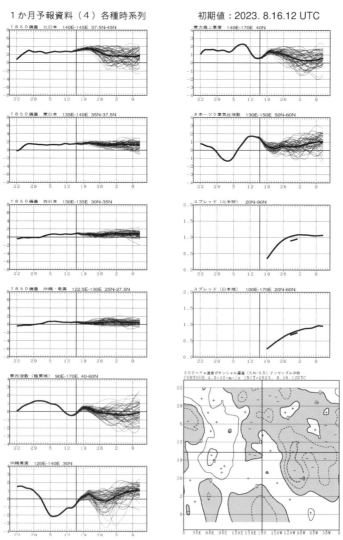

天気図は気象庁提供

図5-7-9 各種時系列の配置

1か月予報資料（4）　各種時系列

7日間平均の推移グラフ
850hPa
気温平年差　　北日本

7日間平均の推移グラフ
850hPa
気温平年差　　東日本

7日間平均の推移グラフ
850hPa
気温平年差　　西日本

7日間平均の推移グラフ
850hPa
気温平年差　　沖縄奄美

7日間平均の推移グラフ
東西指数　　極東域

7日間平均の推移グラフ
沖縄高度

7日間平均の推移グラフ
東方海上高度

7日間平均の推移グラフ
オホーツク海
高気圧指数

北半球
スプレッド

日本域
スプレッド

赤道域
200hPa
速度ポテンシャル平年差
時間 - 経度断面図

　各種時系列（FCVX14）は、北半球の各種指数の予測にどのくらいばらつきと偏りが
あるのかをグラフで示したものです。

　各種指数の予測とばらつきについては、これまでの実際の解析値と、アンサンブル予
報による各メンバーの予測値、アンサンブル平均値の推移がグラフとして表示されてい

5
中・長期予報に関わる天気図

ます。ここで表示されている指数は「北日本の850hPa気温平年差7日間平均値」「東日本の850hPa気温平年差7日間平均値」「西日本の850hPa気温平年差7日間平均値」「沖縄・奄美の850hPa気温平年差7日間平均値」「極東域の東西指数7日間平均値」「沖縄高度7日間平均値」、「東方海上高度7日間平均値」「オホーツク海高気圧指数7日間平均値」の8種類です。

　また右側の上から3〜4番目のグラフはスプレッドの平均値の推移を表したグラフです。上から3番目が北半球について、4番目が日本域について表しています。

　右下の一番大きな図は、赤道域の200hPa速度ポテンシャルの平年差の7日間平均値の時間─経度断面図と呼ばれるものです。グラフの横軸は経度軸で、左が西、右が東です。縦軸は時間軸（日付）で、上側が過去、下側が未来です。数値が負（−）、つまり平年に比べ上空の発散が強い領域が網掛けとなっています。

熱帯・中緯度予想図（FCVX15）

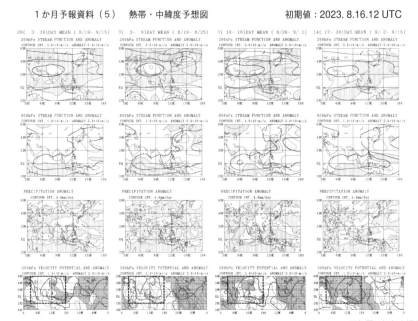

図5-7-10　熱帯・中緯度予想図の例（2023年8月16日21時初期値）

天気図は気象庁提供

図5-7-11 熱帯・中緯度予想図の配置

1か月予報資料（5）　熱帯・中緯度予想図

200hPa 流線関数 ・平年差	200hPa 流線関数 ・平年差	200hPa 流線関数 ・平年差	200hPa 流線関数 ・平年差
850hPa 流線関数 ・平年差	850hPa 流線関数 ・平年差	850hPa 流線関数 ・平年差	850hPa 流線関数 ・平年差
降水量 平年差	降水量 平年差	降水量 平年差	降水量 平年差
200hPa 速度ポテンシャル ・平年差	200hPa 速度ポテンシャル ・平年差	200hPa 速度ポテンシャル ・平年差	200hPa 速度ポテンシャル ・平年差
28日間平均 3日後〜30日後	7日間平均 3日後〜9日後	7日間平均 10日後〜16日後	14日間平均 17日後〜30日後

熱帯・中緯度予想図（FCVX15）は、熱帯の対流活動と大気の流れの予測を確認するための図です。左から1列目が28日間平均（3日先〜30日先）、2列目が7日間平均（3日先〜9日先）、3列目が7日間平均（10日先〜16日先）、4列目が14日間平均（17日先〜30日先）となっています。

それぞれの列で、上から順に200hPa流線関数と平年差、850hPa流線関数と平年差、降水量の平年差、200hPa速度ポテンシャルと平年差について、それぞれアンサンブル平均値のよる図が描かれています。

　200hPa流線関数は対流圏上層の高気圧・低気圧の状況を、850hPa流線関数は対流圏下層の高気圧・低気圧の状況を把握するのに役立ちます。また降水量の平年差は、熱帯地方の対流活動の活発さ（積乱雲の発生しやすさ）が平年と比べてどうなのかを知る目安となります。それから200hPa速度ポテンシャルは対流圏上層の収束・発散が平年と比べてどうか知ることができます。対流圏上層で風が発散している場所は、下層で収束・上昇気流となっているため、対流活動の活発さ（積乱雲の発生しやすさ）の目安の一つになります。

アルファベット

索引

索引

おもな参考資料

- 気象予報のための天気図のみかた（東京堂出版）
- 気象予報士ハンドブック（オーム社）
- アンサンブル予報－新しい中・長期予報と利用法（東京堂出版）
- 数値予報の基礎知識（オーム社）
- 気象予報士のための天気予報用語集（東京堂出版）
- 文部省 学術用語集 気象学編（増訂版）（日本学術振興会）

- 平成26年度予報技術研修テキスト（気象庁予報部）
- 令和4年度季節予報研修テキスト
  第一号　新しい季節アンサンブル予報システム（気象庁大気海洋部）
- 平成30年度季節予報研修テキスト
  2週間気温予報とその活用（気象庁地球環境・海洋部）
- 令和4年度数値予報解説資料集（気象庁情報基盤部）

- 気象庁ホームページ　https://www.jma.go.jp/jma/index.html
- 国立国会図書館デジタルコレクション　https://dl.ndl.go.jp/

岩槻 秀明（いわつき ひであき）

宮城県生まれ。気象予報士。千葉県立関宿城博物館調査協力員。日本気象予報士会生物季節ネットワーク代表。日本気象学会、日本雪氷学会、日本植物分類学会会員。

自然科学系のライターとして、植物や気象など、自然に関する書籍の製作に幅広く携わる。また自然観察会や出前授業などの講師を多数務めるほか、メディア出演も積極的に行っている。愛称は「わぴちゃん」。

● 気象に関する主な著書

- ● 『雲を知る本』（いかだ社）
- ● 『最新の国際基準で見分ける雲の図鑑』（日本文芸社）
- ● 『図解入門　最新気象学のキホンがよ～くわかる本』（秀和システム）　など

● 公式ホームページ「あおぞら☆めいと」

https://wapichan.sakura.ne.jp/

● 公式ブログ「わぴちゃんのメモ帳」

https://ameblo.jp/wapichan-official/

● 公式X（旧Twitter）アカウント

@wapichan_ap

● 公式YouTubeチャンネル「わぴちゃん大学」

https://www.youtube.com/@wapiwapisitekita

図解入門　最新
天気図の読み方がよ〜くわかる本
［第3版］

| 発行日 | 2024年 2月13日 | 第1版第1刷 |
| | 2024年 6月 3日 | 第1版第2刷 |

著　者　岩槻　秀明

発行者　斉藤　和邦
発行所　株式会社　秀和システム
　　　　〒135-0016
　　　　東京都江東区東陽2-4-2　新宮ビル2F
　　　　Tel 03-6264-3105（販売）Fax 03-6264-3094
印刷所　三松堂印刷株式会社　　　　Printed in Japan

ISBN978-4-7980-6480-2 C3044